and...

# Toilet Data Book

数字で知るトイレ



※各種統計等を元に編集部で作成

# Toilet and Us

## ―― 私たちとトイレ ――

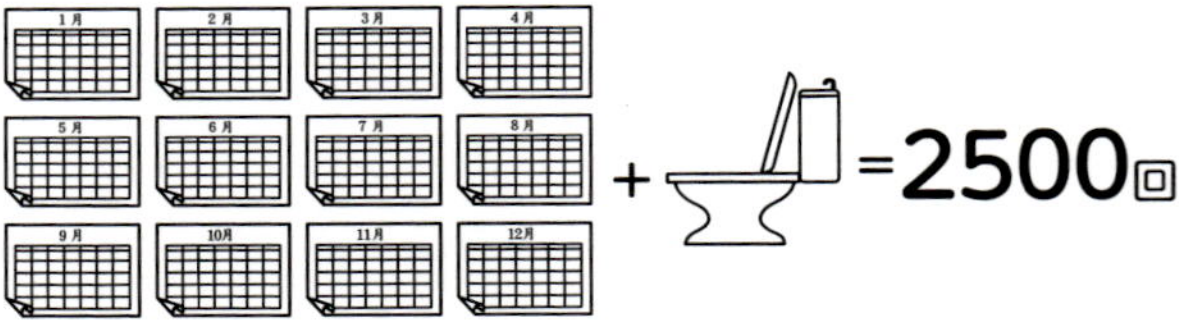


①平均的に、１年に人はトイレに2500回行く。

②総合すると、人生のうち３年間トイレにいる計算になる。

③水洗トイレは、１回水を流す都度、５リットルの水が流れる。４人家族の場合、１年で約34000リットルの水をトイレで消費する。

④一般的に、１人当たり１日57枚のトイレットペーパーを使用する。

⑤トイレの後、きちんと手を洗うのは、平均すると世界で20人に１人。

①～②：WTO（世界トイレ機関）調べ、2015年　③：「Home Water Works」HP
④：Business Insider, 07, May 2013　⑤：Medical News Today, 12, June, 2013

# Toilet and Disease, Poverty

―― トイレと病気、貧困 ――

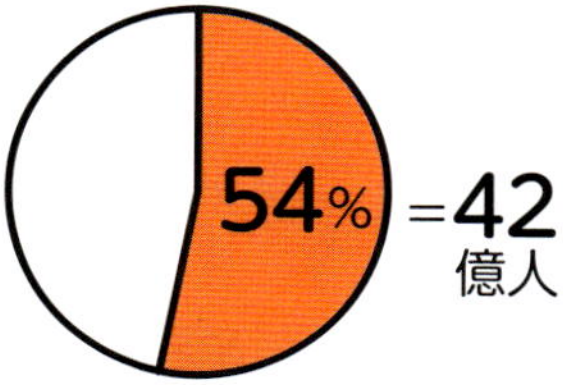


①世界の54%、約42億人が安全で整備されたトイレ・公衆衛生環境に置かれていない。

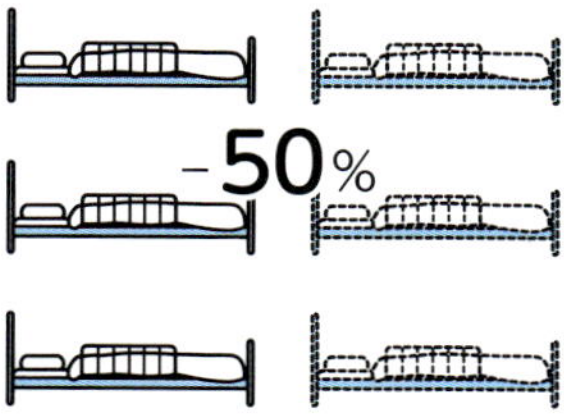


②汚染水が改善されれば、入院患者が半減する。
発展途上国での病院のベッドの50%は汚染された「水」を原因とした病に倒れた人によって埋まっている。

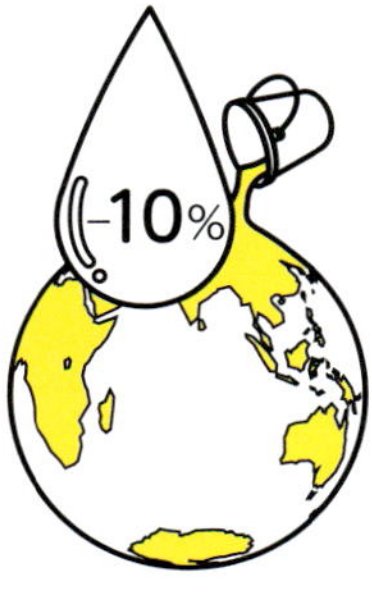


③飲料水、トイレ、公衆衛生の問題を解決すれば、世界の病気の10%を減らすことができる。

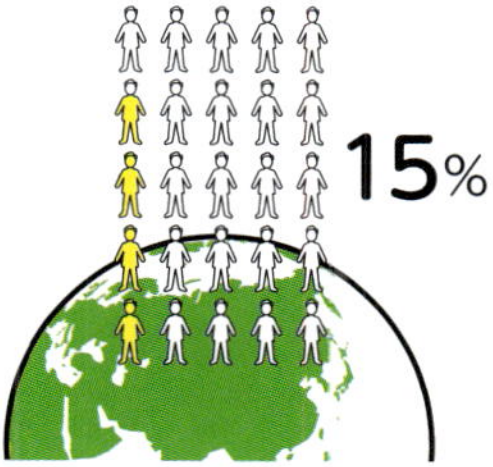


④現在、10億人（世界人口の15%）が、屋外排泄している。

①：unicef「1 in 3 people globally do not have access to safe drinking water」(18 June 2019)
②：UN Chronicle Vol. XLIV No. 4 2007
③：WHO「Mortality and burden of disease from water and sanitation」2016
④：http://worldtoilet.org/

# Toilet and Girls

## ── 女の子たちとトイレ ──

①世界中の女性の３人に１人が、安全なトイレ環境がないために病気やハラスメント、ひいてはレイプなどの危険にさらされている。

②５億2600万人の女性は、戸外のトイレに行くことのほかに、選択肢がない。

③公衆衛生は、12億5000万人の女性の暮らしをより安全で健康なものに改善する。

④毎日1400人以上の母親が、下痢が原因で子供を亡くしている。この下痢は安全で清潔なトイレと水がないために引き起こされている。

①〜③：ウォーターエイドの調査「Briefing note – 1 in 3 women lack access to safe toilets」(19 November 2012)
④：WHOの発表「Diarrhoeal disease - Key facts」(2 May 2017)

# Toilet and School
## ── 学校とトイレ ──

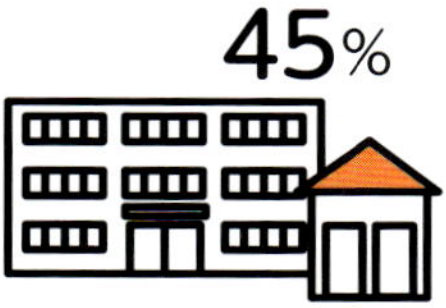


①最貧国、低所得国では45％の学校しか十分なトイレ施設を備えていない。

②バングラデシュでの学校における公衆衛生プログラムは、女子学生の入学数を11％アップさせる手助けになった。

③ケニアの学校での、水・トイレ公衆衛生を向上させる総括プログラムは、下痢による病気を半分に減らした。

①：unicef「Raising even more clean hands: Advancing health,learning and equity through WASH in schools」(2012)
②：Redhouse, D. (2004). 'No water, no school' . In: Oasis, no. Spring/Summer 2004, p. 6-8.
③：Freeman, Matthew C.et al., 'Assessing the Impact of a School-Based Water Treatment, Hygiene and Sanitation Programme on Pupil Absence in Nyanza Province, Kenya: A cluster-randomized trial' ,Tropical Medicine and International Health, vol. 17, no. 3, March 2012, pp. 380-391. (quoted in Raising Even More Clean Hands, UNICEF).

# Toilet and Investment

―― 投資とトイレ ――

**①トイレに1ドル投資すると、リターンは4.3ドル**

投資先としてのトイレは素晴らしいものだ。WHOのレポートによれば、トイレに1ドル（約107円）投資すると、そのリターンは4.3ドル（約460円）。

こんなに投資対効果が高い投資先があるだろうか？

**②水洗トイレは世界で最も安い薬**

トイレは、世界で最も安い薬だ。British Medical Journalでは、世界で最も重要な医療技術は何か、というアンケートで水洗トイレが1位に選ばれた。予防注射・レントゲン・手術などをおさえ、ダントツである。

①：2014年11月19日［世界トイレの日］に発表された国連ニュース「Every dollar invested in water, sanitation brings four-fold return in costs」
②：United Press International「Flushing toilet takes medical prize」（Jan 19, 2007）

# Theory of Toilet Evolution

―― トイレ進化論 ――

## Ⅰ 屋外排泄

**RISK―リスク―**

・レイプの危険性
・チフス、下痢など伝染病
・環境汚染

## Ⅱ 簡素な設備

地面に掘った穴

バケツ

**RISK―リスク―**

・チフス、下痢など伝染病
・環境汚染

## Ⅲ 放置されたトイレ

トイレはあるが、メンテナンスされていない

**RISK―リスク―**

・チフス、下痢など伝染病
・環境汚染

## Ⅳ 美しい水洗トイレ

トイレは「作って終わり」といかないのが難しいところ。せっかく作っても、メンテナンスがされていなければ「宝の持ち腐れ」になってしまう。WTO（世界トイレ機関）では、トイレを使う人の意識を変える取り組みを続けている。

# Toilet and Countries

## ── 1人あたりのトイレ数がもっとも少ない国々 ──

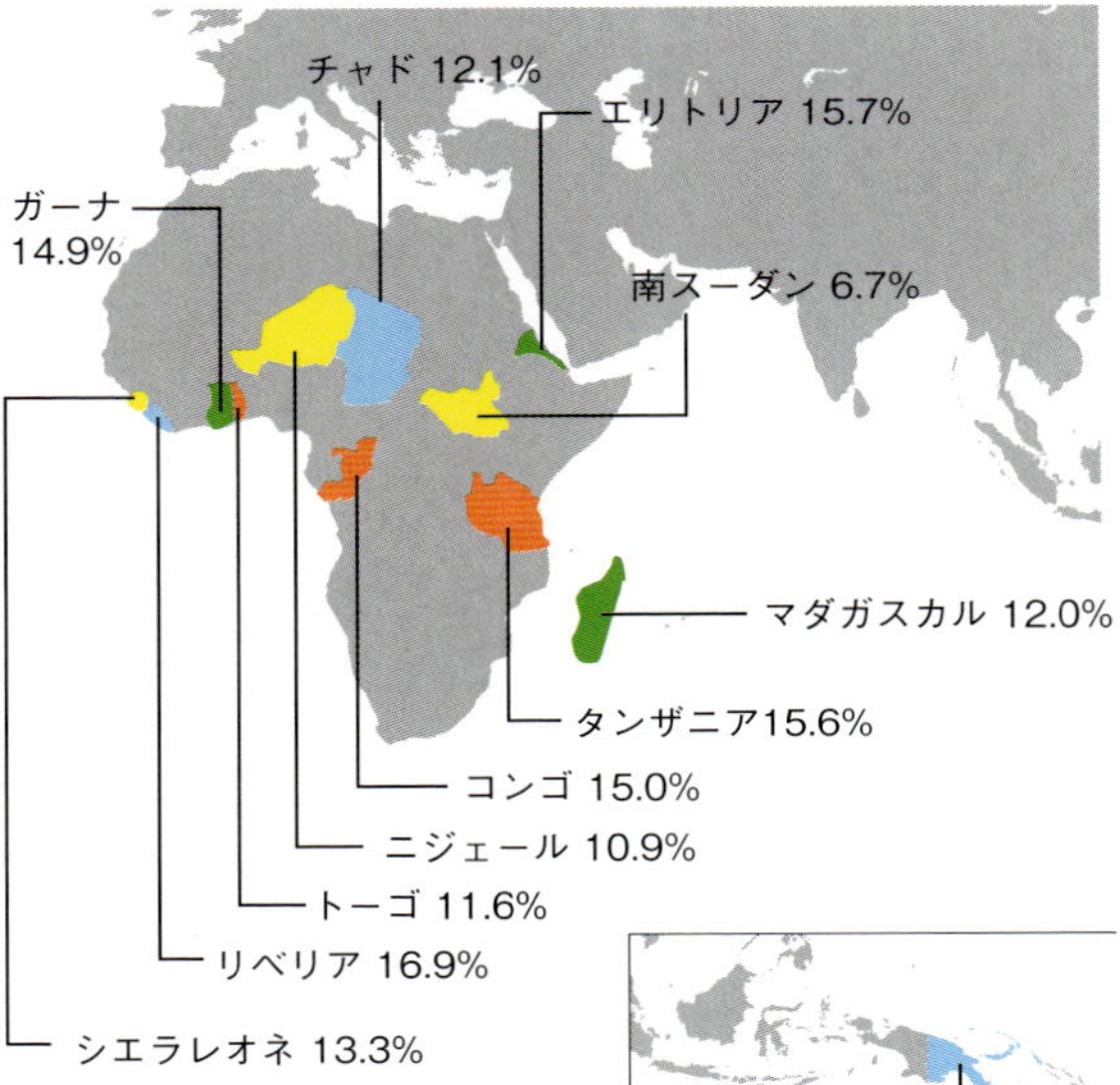


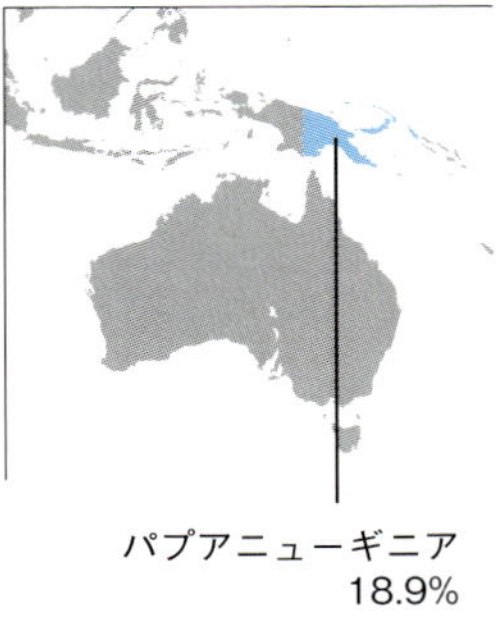


1人当たりの国内トイレ数（Gross Domestic Toilets）がもっとも少ないのは南スーダンで、100人あたり6.7個のトイレしかない。

Forbes 2015年7月8日記事「The Countries With The Fewest Toilets Per Person」を参考に作成

# トイレは世界を救う

ミスター・トイレが語る　貧困と世界ウンコ情勢

ジャック・シム 著／近藤奈香 訳
*Jack Sim / Kondo Naka*

PHP新書

## はじめに――トイレに着地するまで

〝トイレは世界で最も幸せな部屋だ。トイレに入る前は居心地が悪く、不安でイライラしていても、出てきたらハッピーだからだ〟――ジャック・シム

私はトイレの伝道師ジャック・シム。

世界では「ミスター・トイレ」と呼ばれている。

「トイレはどこですか」――世界で最も問われることが多い質問だ。眠いのを我慢したり、空腹を我慢したりするのとは違い、トイレを我慢するということはとても難しい。人は毎日、6回から8回トイレに行く。生涯を通じて見ると、私たちはおおよそ人生の3年をトイレで過ごす計算になる。まさに一生の間に最もお世話になる施設がトイレだと言っても過言ではないのだ。

私は40歳でゼロから社会起業家になり、2001年にWTO（World Toilet Organization＝

世界トイレ機関）を立ち上げた。多くの人にトイレの重要性を理解してもらい、世界中で行われているトイレ健全化活動がお互いにレバレッジし合えるような活動を推進している。2013年には国連の全会一致で世界トイレの日（11月19日）の制定に漕ぎつけた。

## なぜ、トイレなのか？

日本ではトイレがあることが当たり前だと感じている人が多い。しかし世界の3人に1人（約23億人）はトイレのない生活を送っている。[1] こうした人々はちょっとした物陰や、川、茂みの裏などで用を足しているため、糞尿は処理されないまま放置されている。さらに、42億人――世界の人口の半数以上――はトイレがあってもきちんとした下水処理がなされていなかったり、屋外で排泄したりしている。[2] 排泄物はきちんと処理されなければ、川や湖を汚染し、とても危険だ。地面に穴を掘って排泄物を埋めれば、地下水まで汚染される。未処理の排泄物によって汚染された水が原因で命を落とす5歳未満の子供は毎年52万5000人。[3] すなわち毎日1400人以上の子供が、公衆衛生が欠けているために命を落としている。トイレと公衆衛生の問題は、新興国では待ったなしの問題だ。
また、世界中の女性の3人に1人が、安全なトイレ環境がないために、病気やハラスメント、ひいてはレイプなどの危険にさらされている。[4]
私の願いは、トイレが確保されることが、ポジティブな連鎖の始まりだと、多くの人に気づいてもらうことだ。きちんとしたトイレが使えることで、人は尊厳を取り戻すことができる。病気が減少し、就学率が上がることによって生産性も向上し、市場や投資意欲なども改善され、ひいては貧困の減少にも繋がるのだ。

## 最大のタブー「トイレ」

世界中で、トイレの問題がなぜなかなか解決されないのだろう？　一番大きな理由は、ト

【注】
1　2015年、ユニセフ発表。　2　2019年、ユニセフ発表。
3　WHO（世界保健機関）、2011年発表。　4　2012年、ウォーターエイド調べ。

イレの問題が「タブー」だからだ。私たちは子供の時から、トイレや排泄物の話をしないように、と教えられて育つ。

「小便、大便、こうした話はしないこと！」

トイレの話題そのものがタブーだと思われていることが、トイレの問題が解決されない最大の理由なのだ。問題について話すことができなければ、その問題を解決することなんてできない。

下品、汚い……こうしたイメージがつきまとうトイレの話題は長年、そして今でも多くの国や地域でタブー視されたままだ。したがってトイレの話に真剣に耳を傾けてもらうのは、想像以上に難しい。タブー、すなわち人々の「羞恥心《しゅうち》」が、トイレや衛生問題の解決の邪魔をしているのだ。

そうしたタブーの壁を打ち破るために、私がとった戦略は「笑い」、すなわちユーモアだ。人にモチベーションを与え、考え方を変えるには、ポジティブなものに光をあてる必要がある。タブーが「鍵がかけられた扉」であったとすると、ユーモアはその扉を開ける鍵だ。

２００１年に創設したＷＴＯ（世界トイレ機関）の名前も、こうした戦略の一環だ。最初に聞いた人は「WTO（世界貿易機関）」だと思うが、「いえいえ、もう一つのWTO、世界トイレ機関ですよ」と言うと、笑い出す。

## トイレをステータス・シンボルに

我々の最大のミッションは、タブーであるトイレをステータス・シンボルとして確立することだ。

たとえば人口10億人を誇るインドでは、6億人が満足なトイレがない状況での生活を強いられ、毎年60万人が衛生上の問題から命を落としている。こんなに悲惨な状況であるにもかかわらず、インドでは携帯電話の数がトイレの数を圧倒的に上回っている。彼らの意識の中ではトイレよりも、携帯電話の優先順位が高いからなのである。こうした人々が高級ブランドのバッグに憧れるように、トイレに憧れるようになることが我々の目的なのだ。

つまり、WTOの活動はトイレを建設することではなく、トイレの伝道師として「ストーリーを伝えること」である。ストーリーを制するものが、「トイレ戦争」を制するからだ。

話の伝え方、ストーリーテリングの威力は絶大なのだ。

先に述べた通り、私は40歳でビジネスの世界を去り、まったく未経験の状態からたった一人で世界のトイレ・衛生問題に取り組むことを決めた。本書は、そんな私の「クレイジー」な軌跡である。

なお、本書は訳者の近藤奈香氏、編集者の大岩央氏による、英語でのロングインタビューをもとに作られた。

読者のみなさんが、本書によって世界のトイレ問題に目を向け、そして私の「かぐわしい物語」に興味を持ってもらえたなら、これ以上の喜びはない。

ジャック・シム（ミスター・トイレ）

## Chapter 1 くさいものにフタをせず、笑いに変える

Chapter 2

## ストーリーを使ってトイレを広める
### クソみたいな感情を肥料に美しい花を咲かせる方法



Chapter 3

## 世界ウンコ情勢

Chapter 4

# 社会の糞詰まりを治す

## 40歳から社会起業家に

Chapter 5

## 国連で「世界トイレの日」が制定されるまで



Chapter 6

## 水に流してはいけない話
### 社会課題をどう解決するか

## Chapter 7 クリーンな社会に向けて

### フェミニン・ソサイエティのすすめ

本書中のユーロ、USドル等の換算は、2019年9月時点のものを基準に概算しています。

# Chapter 1

# くさいものにフタをせず、笑いに変える

〝誰もがユーモアを必要としている。楽しむこと、これは誰にとっても大切なことだ。ユーモアの供給が需要に追い付いているとは言い難い。話しづらいトピックについては、ユーモアがアイスブレーカーとして威力を発揮するのだ〟

——ジャック・シム

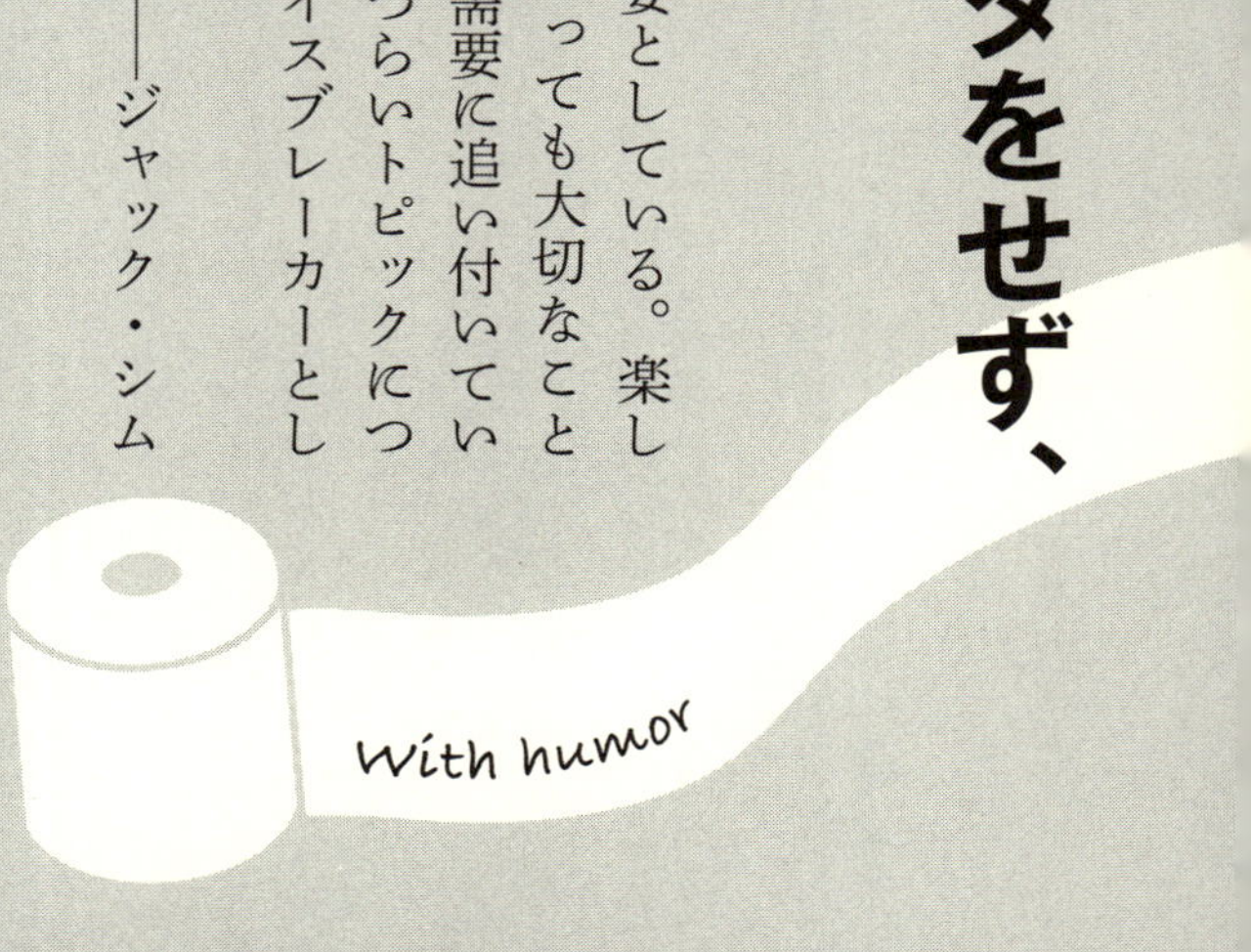

私は「ミスター・トイレ」と呼ばれていることを、とても誇りに思っている。なぜなら、こうしたわかりやすいネーミングが定着することで、私が真剣に取り組んでいる「トイレ」という重要な社会課題が認知されやすくなるからだ。それに、何もミスター・トイレと呼ばれることを恥じる理由はどこにもない。中に入る時はアンハッピー、出てきた時には気分爽快、と、幸福が約束されている――家の中で最もハッピーな――部屋はトイレだからだ。

しかしなぜ、ユーモアなのだろう。たとえば、「トイレを使わないと病気になる、死の危険がある」などと脅すことによってトイレを普及させることもできる。ある程度の結果も、ついてくるだろう。しかし私の個人的な経験から言えることは、恐怖をベースにした力では、全体のエネルギーが収縮してしまう、ということだ。一方、愛情をベースにしたアプローチにはエネルギーの上限がない。

たった3人で運営しているWTOだが、58カ国にまたがる235の協力メンバー団体が存在し、完全にオープン・ソースで、その都度、様々な人とのコラボレーションを通じて、ミッションを達成している。国連によって11月19日が世界トイレの日に制定されたことも、タブーとの闘いの中で一つの大きな成果だ。

WTO、すなわち「世界トイレ機関」として日々取り組んでいるのは、トイレの社会課題をどのように広く知ってもらうか、ということだ。あらゆる媒体は、気候変動や海洋プラスチック・がん・水、といった様々な社会課題に警鐘を鳴らすストーリーで溢れている。この中でトイレの課題も、人々の関心や注目を巡って、日々、他の社会課題と「競っている」のだ。競っているとはいうものの、世の中におけるトイレの優先順位は、残念ながら決して高くない。また、こうした課題以前に、セレブのゴシップニュースだとか、殺人事件、テロ事件といったニュースとも、人々の関心を奪い合っているのが現状だ。

## ユーモアが、社会課題の橋渡し役になる

では、どのようにしてトイレ問題を、世界に数多くある課題のトップに据えてもらうのか。大学教授に働きかけて研究論文を書いてもらう、メディアに取り上げてもらう、など様々なやり方がある中で、知っておくべきは、「面白くない」ものは一般の人々はおろかメディアにすら取り上げてもらえない、という事実だ。なぜメディアが報道してくれないの

か。それは、伝え方が下手であったり、つまらなかったり、気持ち悪い内容だったり、純粋に報道規範に反するような内容だったり、と理由は様々である。しかし本来ならメディアは最大の味方になり得る。そして、ユーモアこそがその最強の橋渡し役なのだ。

２００６年、世界各国の要人が集まるダボス会議に参加した時に、パブリシスという巨大なＰＲ会社の幹部が、私に話しかけてきた。すると彼は開口一番、こう言ったのだ。

「率直に申し上げて、あなたのＷＴＯ（世界トイレ機関）について（の記事を）初めて読んだ時、なんて最悪の名前なんだ、と思ったんですよ。これは団体の名前として最低だ、と。そもそも、『トイレ』という言葉を団体名に入れること自体が間違っていると思ったのです。誰もこの団体を真剣に受け止めない、とプロとして思いました。

しかしその3時間後、お茶やコーヒーを飲み、色々なことをした後に、私は当初の自分の考えを１８０度変えました。いや、これはたまげた、これは素晴らしい名前だ、とね」

私はなぜそう考えたのかと尋ねた。すると彼は「それは、ＷＴＯ（世界トイレ機関）という名前を目にしてから3時間経っても、その名前が頭から離れなかったから」だと言った。彼はこの道のプロだから、サブリミナル効果とかいった専門的な言葉を使って説明をしたが、私にとってはただ、メディアを味方につけるという意味で非常に良いネーミングができたことが証明されたようで、とても嬉しく思ったことを記憶している。

## タブーをなくせば、世界は大きく変わり始める

トイレについて語らないことは、トイレを改善できないということに繋がる。タブーというのは危険なものなのである。

雑誌『PLAYBOY』の創刊者であり、実業家として知られるヒュー・ヘフナーはセックスの話題を解放したという意味で非常に重要なことを成し遂げた。セックス・レボリューションがなければ、人々が性についてオープンに話すことができず、誤解や理解不足から様々な問題が生まれたに違いない。

世界におけるタブーの歴史を見てみると、たとえばハンセン病は昔「罪」、天罰が下った結果起こるものだと思われていた。悪魔が身体に入り込んだのだ、と。しかし、それはとんだ間違いで、病気だったということがわかった。

タブーは生まれ、それを壊す者が登場し、社会は進化を遂げる――こうして歴史は繰り返されてきたのだ。

150年以上前になくなった奴隷制も、タブーとの戦いだった。グリーンピース（環境保護の活動団体）も、環境問題のタブーを壊した。LGBT[1]もそうだ。LGBTのムーブメントが起きたサンフランシスコから長い時間をかけて、今では（国にもよるが）結婚までできるようになったのだ。2018年に起きた#MeTooムーブメントも、タブーに対して声を上げている戦いの一つだ。常に、誰かがタブーと戦って、世界は前進してきた。

女性の生理も世界的にタブーとされているテーマである。文化的に生理を不運（バッド・ラック）なものとして見る国はいまだ存在する。

インドなどでは、生理中の女性は寺院に入ることが許されていない。このことに注目し、2018年には、タブーに挑んだ「Pad Man（パッドマン　5億人の女性を救った男）」というインド映画が公開され、話題となった（パッドは、生理用ナプキンのこと）。最近アカデミー賞を受賞したインドのドキュメンタリー映画「Period. End of Sentence（ピリオド――羽ばたく女性たち――）」は娯楽を通してタブーに挑んだ一つの快挙と言える。

生理用品・生理パッドの問題はトイレと関連する衛生課題である。貧しいコミュニティでは、生理パッドを洗って干して、再利用している女性が大勢いる。これが多くの問題を生み出しているのだ。生乾きのまま使って細菌が繁殖することも珍しくない。

なるべく多くの人が買うことができるように、安価な生理用品を製造する機械を開発している人々もいる。こうしたイノベーションに期待することはできるものの、いくら安く作れたとしても、世界の多くの女性にとって生理用品は高く、買うことができない。そうすると生理中は家から一歩も出ずに引きこもったり、生理用品の代替として新聞紙や泥を使ったり、と日本では想像もできないようなことをしているわけだ。

【注】

1 レズビアン、ゲイ、バイセクシュアル、トランスジェンダーの頭文字をとった言葉で、性的マイノリティを表す言葉の一つ。

## ムーブメントを作り、人を巻き込む

なぜ「タブー」と闘うのか――すなわち、なぜトイレを沢山作ったり、資金を募ったりするのではなく、タブーと闘うべきだ、と言っているのか。

それは、たった一人の人間が達成できることには限界があるからだ。仮に頑張って1万個のトイレを創設したとして、世界が必要としているのは10億個のトイレなのだ。たった一人でインフラを頑張って作っても、残念ながら影響力は限られている。

反対に、たった一人でもムーブメントを巻き起こせば、多くの変化が期待できる。タブーと闘う、ということはインフラを作ることと少し異なり、文化や宗教といった「信念」の世界に一石を投じるということに他ならない。

ムーブメントは、一般的なプロジェクトと異なり、「自分の功績」を私物化しづらい。しかし、その影響力や達成できる物事のスケールは非常に大きい。「早くたどり着きたいのなら一人で、遠くまでたどり着きたいのなら大勢で」――と言う通り、運動（ムーブメント）

というのは大勢の人間が当事者となることができるからだ。

## ミスター・トイレの師匠、ミスター・コンドーム

ユーモアの大切さに気づき、今こうして私がミスター・トイレとして存在するに至った恩人がいる。2001年にWTO設立をする直前の2000年のこと、私はバンコクでメチャイ議員、通称「ミスター・コンドーム」と出会った。彼は「人口とコミュニティ発展協会」というNGOの創始者である。

彼はタイでコンドームの普及に尽力した第一人者であり、その手法があまりにも「面白く」、大きな話題を呼んだ。彼の活動は奏功し、タイでは風俗従事者がコンドームを使うことが法的に義務づけられた。「ダイヤは女の子の親友（diamonds are a girl's best friend）」ならぬ、「コンドームは女の子の親友」よ、と売春宿に自ら突入し、キャンペーンをして回ったのだ。

当然、元締めのマフィアのボスたちが「勝手に何をやってるんだ」と詰め寄ってきた。す

**「人があなたのことを笑いものにしている時、あなたの話をきちんと聞いているという証拠でもある」**

**——ミスター・コンドーム**

ると彼は「この娘（あなたの従業員）たちが健康でい続けられるように、教育しているのです。彼女たちが健康であれば、あなたももっとお金が稼げる、そうでしょう」と言ったという。こうして一歩ずつ、一人ずつに根気よく訴えていったのだ。

従業員である女の子たちが健康で、妊娠もせず、ずっと仕事を続けられたらビジネスとして良いに決まっている。すると、タイのマフィアは、他のシマはどうなってるんだ、と言い始め、異なる組の組長らが集まって会談を行い、従業員にコンドーム使用を義務づけるに至ったのだ。

ミスター・コンドームに学んだのは、倫理や慣習を振りかざして本当の問題から目を背けるのではなく、問題や課題を直視して解決することの大切さである。

彼との面会はたったの2時間だったが、私にとって一生もののアドバイスをもらったと思っている。

私は彼に「どのようにしたら人々に笑顔になってもらえるのか、面白いと思ってもらえるのか」という質問をした。すると彼は「あなたは自分のことを笑い飛ばせますか。もしそれができないのだったら、今後あなたは茨《いばら》の道を歩むことになるでしょう」といった。皆に笑いものにされることを覚悟で挑まなければ、他人を笑わせることはできない。しかし、同時に、他人が笑っている時は、彼らが話をきちんと聞いているという証拠でもある。

彼にこの大切なアドバイス、「秘伝」を学んでいなければ、私はミスター・トイレになることができていなかった。

## ゲリラ戦略でつけたWTOという名前

まずはメディアに働きかけるべきだ——このように考えるようになったのは、『メディア買収の野望』（ジェフリー・アーチャー著・新潮社・原題*The Fourth Estate*）という本を読んだことがきっかけである。社会は四つの巨大権力（政治、宗教、貴族、メディア）から成立している。社会に影響を及ぼしたくても、自分がこれらの階層に所属していない場合はメディアに影響を与え、メディアが他の統治者（政治・宗教・貴族）を動かすしかない——確かこのような話だったと思う。

そもそもなぜ、以前はトイレの普及に関心が集まらなかったのか——それは小難しい言葉を使っていたからである。たとえば「トイレ」といった言葉を使うのではなく、「糞便汚泥管理」という言葉が使われていたのだ。これではメディアから見向きもされない。一般の人にとって興味をかきたてられる話ではないからである。メディアの関心が集まらないということは、資金集めも難航するということだ。

「水」問題のようにわかりやすく、イメージもきれいで、誰でもとっつきやすいテーマは常に支援を得てきた。水の社会的課題は、わかりやすさでは抜群である。イメージとしても伝わりやすい。汚染された水を飲むアフリカの子供たちの写真は誰が見ても、そのメッセージはわかりやすく、インパクトは絶大である。水はこうして常に注目の的であり続けてきたが、トイレは全く、そういうわけにはいかなかったのである。

私が打って出たのは、メディアにおけるゲリラ戦略である。世界貿易機関（WTO）に敢えてかけたネーミングで、World Toilet Organizationを設立したのだ。これは多少勇気のいる決断だった。というのも、最悪、WTOに告訴される可能性もあったからだ。

とはいえ、この戦略がどのような結果をもたらすかを冷静に考えてみると、二つの可能性が考えられることがわかった。

一つは、世界貿易機関（WTO）から告訴される、というリスク。しかし告訴されれば、それが世界中のニュースとなり、我々が一番知ってほしいトイレと衛生問題をメディアに大きく取り上げてもらえる可能性があった。

第二には、WTOに告訴されず、我々が第二のWTOとして、世界の人に認知してもらえるようになる。すなわち、どちらに転んでも「sanitation（公衆衛生）」が世界の注目を浴び、失うものはなかったわけである。さて、発表をしてみると、世界のメディアはこの話題に飛びつき、その反応は多少、面くらうほどのものだった。

## 利己的な欲望で、社会が変わる

WTOはトイレを世の中に行きわたらせるためのサイクルを31ページの図のように考えて

いる。

すなわち、この図を見れば、関わっているすべての人が自分のため、自分に有利な行動に一生懸命になることで、最終的には社会全体に良い結果をもたらしているということがわかる。たとえば政治家は良い人、悪い人、腐敗している人いない人……など様々だが、彼らすべてに共通しているのが「票集め」である——このことを活用しない手はないのである。

この考え方に則り、私はトイレ問題を多くの人々に知らしめたいと考えた。まず、トイレの話題は、タブーとして表舞台で語られることがなかったために、活字になるだけでニュース価値が生まれることに注目をした。ストーリーテラーとして、人々に「ニュース」を届ける役割を担うのだ、という意識を持つことにしたのだ。ニュース価値があるストーリーを提供できれば、メディアはこぞって報道する。メディアにニュースを見つけてもらうのではなくて、メディアが報道せざるを得ないようなニュースをこちらが用意する。

このニュースに、政治家は影響を受ける。メディア露出を好む政治家は人々からの人気と票によって権力を持ち続けることができるため、彼らはメディアが注目しているテーマを意識せざるを得ない立場にある。

## 人々が「自分のため」に動くことで、ミッションが達成される仕組み

ミッション：「トイレを世の中に行きわたらせる」

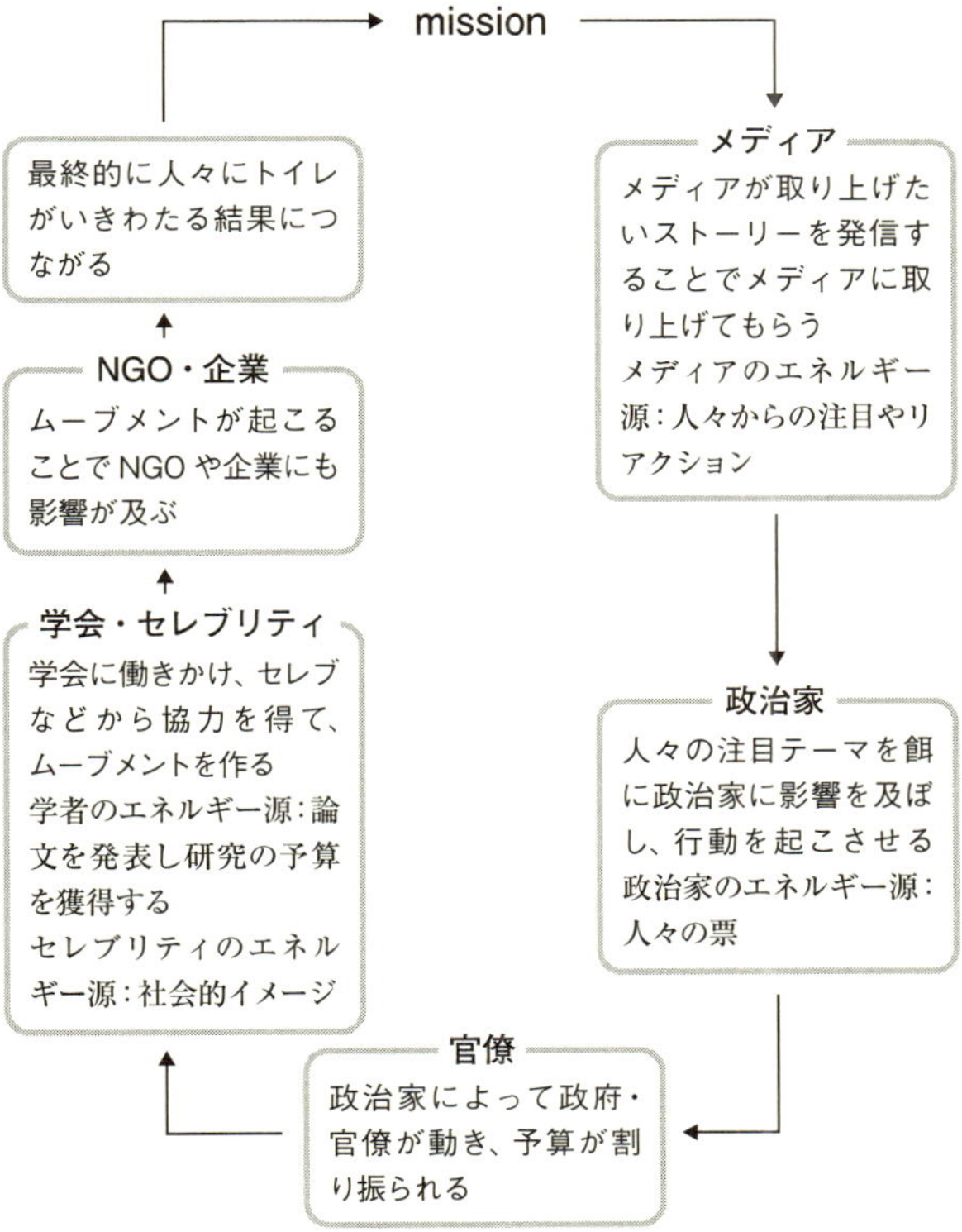


皆、「社会貢献をしたい」というモチベーションよりも「自分のため」に動き、結果、良い結果が社会にもたらされる。

このことはさらに、官僚を動かす。政治家によって方向性が定められると、官僚は政策立案をし、予算配分を行う。

そして、こうした予算配分の中から大学の研究費などが支給され、研究者はこぞって研究し論文を発表する。学者は論文を発表しなければ職がなくなる時代なのだ。

セレブリティも自身のイメージなどを気にかけ、継続的に「素晴らしい自分」をアピールするために、様々なテーマと自身を紐づけることによって自己ブランディングに勤しむ。彼らの発信力は素晴らしく、こちらにとっても非常にプラスの効果を生み出す。

セレブリティのイメージが付随することによってチャリティなどに献金をする人々も関心を示し始める。募金をしてくれる人々の意向に、NGOやチャリティは動かされるので、必然的に人々が求める事案に募金が集まるようになる。するとさらにアカデミアによってデータや証拠が示され、政治家によって方向性が定められ、官僚によって政策や予算、資金調達の道筋などが示され……というフローが生まれるのだ。

## ムーブメントがインドの首相を動かした?

たとえばインドネシアのソロで、2013年にワールド・トイレ・サミットを開催した時のこと。この時は、イベントに際して9キロにも及ぶカーニバルが行われた。当初は数百人規模のイベントを想定していたが、カーニバルのおかげで道には約8000人が踊り出てきた。こうしたイベントやムーブメントを起こすと、各々、様々な地域で人々が自発的に行動を起こし始めることを実感した瞬間だった。一人で達成できることというのはたかが知れているが、他の人とともに――たとえばセレブリティの力を借りながら――成し遂げられることの規模というのはけた違いだ。インドでワールド・トイレ・サミットを開催した際は、ボリウッド映画の人気俳優や、コールドプレイ、JayZなどの著名ミュージシャン、マット・デイモン氏などもステージに立ってくれた。

国際NGOであるウォーターエイドやユニセフの支持を得てからは、様々なことが急速な展開をみせた。多くの政治家がこの動きに参画してくれ、NGOでは募金を募ってくれた。

WTOは募金活動を行わないので、NGO団体とは競合にならない。メディアや政府、セレブリティ、様々な人の協力を得て、WTOは出来上がってきた。

たとえば2013年に国連で世界トイレの日が制定された直後の2014年、インドのモディ首相は、1・1億個のトイレを作ると公約した。人類史上最大のトイレプロジェクトである。ちなみに、モディ首相はこのトイレプロジェクト（Clean India Mission - Swachh Bharat Mission〔Clean India〕）を公表し、再選を果たしている。

当プロジェクトは、「汚いインド」のイメージを変革し始めている。次の10年、このプロジェクトが道路・トイレ・ガンジス川やインドの水をクリーンにし、インドの人々そのものの美化（清潔さ）に貢献することを願っている。インフラの美化が進むと、内面的にも浄化される。こうした精神的浄化は宗教がその役割を普通は担うわけだが、私はマフィアや腐敗といったものまで浄化させたいと思っているのだ。

ただ、ここまできても、トイレを最も必要としている肝心の当事者たち、すなわちBOP（Base Of the economic Pyramid＝社会ピラミッドの底辺にいる人々）には、情報が伝達されない――あるいは、非常にされづらいという状況がある。従来のメディアやアカデミアの発表する内容はこれらの人々には届かないのだ。

そこで何をするべきか。地場の宗教リーダーからの支援や、新たな教育制度の導入が必要になる。第2・3章では、こうした点についてお話しよう。

# Chapter 2

# ストーリーを使って
# トイレを広める

## クソみたいな感情を肥料に
## 美しい花を咲かせる方法

〝感情には良いも悪いもない。重要なのはこれらすべての感情を建設的に活用することなのだ〟

――ジャック・シム

## 「トイレを作るなら学校」のなぜ

宗教上の理由からトイレを家の中に作れない人もたくさんいる。水、暖房、テレビ、洗濯機、ソファ……そんなものがすべてある家でも、トイレだけは裏庭の先の「小屋」だったりすることは珍しくない。自動車やオートバイまで所有しているのに、なぜ、トイレに対してこれほど意識が低いのか？　と衝撃を受けたことがこれまでに幾度となくある。それは、トイレを優先する考えがその国に根付いていないからだ。トイレが家の中にあると、家じゅうが臭うに違いない、という先入観を持っている場合もある。

つまり、「お金がないから、トイレがない」とは限らない。実際、カンボジアの非常に裕福な家庭のお嬢さんが、私に「パパに家にトイレを作るように説得してほしい」と言ったことがあった。この家は資産家で、広大な敷地を所有している。この「パパ」の考えでは、我々はトイレを家に作らなければならないほど貧乏ではない――すなわち、広大な土地があるので、いつでもどこでもトイレをしに出ていく場所がある。土地がない人であればトイレは必要であろう、と、こう考えているわけだ。

　こうした問題をどのように解決するのか——それには、若い人を教育して、それからその子供たちの家族に影響を及ぼす、というルートが最も効果的だ。

　たとえば学校。学校に素晴らしいトイレを作れば、子供たちは日々、良いトイレを使えることになる。美しいトイレを使うということが、その子供たち自身のプライドや自己イメージに非常にポジティブな影響をもたらす。すると学校にトイレがあっても、家にはトイレがない、ということを子供が嫌がるようになったり、おばあちゃんの家にはトイレがないから、おばあちゃんの家にはいきたくない、と言い出したりする——こうした働きかけが、一番効果があるのだ。

　実家に息子がトイレを作る、あるいは結婚前に、結婚相手の前で良い格好をしたいがために実家にトイレを作る——こんな理由でも良いわけだ。社会というのは、こんなことから変化していく。

## トイレがプライドを作る――「虹のトイレ」プロジェクト

なお、ＷＴＯは基本的にはトイレの建設に直接関わることはない。しかし例外的に、学校にトイレを作ったことがある。「虹のトイレ」プログラムと銘打たれたこの活動では、中国の湖南省の学校に美しいトイレを建設した。それまで、この学校のトイレは単なるコンクリートで固められた穴のようなもので、生徒が一列に穴にまたがり用を足すものだった。仕切りもなければ、男女も分かれておらず、至るところにハエが飛び交っていた。排水設備もなく、糞尿は後ろの溝にたまり、その溝に生徒がシャベルで土をかけて埋めるといった形だったから、無理もない。

新しいトイレの建設現場が気になった生徒たちが中を覗きに行ったところ、ピカピカのタイル張りの水洗トイレで、一つずつのトイレが個室になっていた。生徒たちは、自分たちのためのトイレだとは思っていなかったらしい。完成して、生徒たちに、さあ、行ってごらん、と言うと、「これは先生たちのためのトイレですか」と口々に聞いてきた。私たち生徒が使ってよいのですか、と。自分たちのためのものだということがわかると、彼らはこの美しいトイレを壊さないように、汚さないように、丁寧に喜んで使った。この子達の衛生環境が改善したことはもちろん、彼らが自分たちは都会の子供たちと同じ、メインストリームの仲間入りをした、というプライドを持つようになったことが何よりの成果だと言える。都会の子供たちに対して劣等感を抱かなくなった。こうした個々人の意識の深い根の部分に、トイレは関わっているということなのだ。

## 成人式のお金を、どうトイレに回してもらうか？

では、そのトイレを作る資金はどこで見つけるのか。実は、こうした村の人々のお金の使い方を見ていると、例えば、村の行事や祭事に大金を使っている。この神様の誕生日だ、あの神様の誕生日だ、新年だ、奉納祭だ、と年がら年中、大忙しだ。こういう行事に力を入れないと、村の他の人々から馬鹿にされたり、見下げられたり、笑われたりする——だから、奮発するのだ。面子というやつである。こうした村の慣習や行事を巡っては、時に殺人事件が起きたりもするので、実に真剣な話だ。

また、こんなこともあった。とあるインドネシアの村に行くと、音楽が大音量で流れていて、パーティーが開催されていた。たくさんの食事が作られて村中の人にふるまわれ、まさに大盤振る舞いである。通りがかりの私までご相伴《しょうばん》にあずかった。食べながら、周囲に「これは何のイベントなのか」と尋ねると、「私の息子の16歳の誕生日（成人式）で、村中の人に息子はお嫁さんをもらう準備が整いました、というメッセージを伝えるのだ」と母親が喜んで話してきた。このパーティーにいくらお金をつかったのかと聞くと、400ドル（約4万3000円）と彼女は答えた。この村では、これは大金である。

さて、その後私はトイレを借りようと、その母親に尋ねた。すると「この家にトイレはない」と言うわけだ。400ドルあれば、2つはトイレを作れる。たとえばこのパーティーに200ドル使い、もう200ドルでトイレを作ることもできたと言える。ところが、この家族にとっては、トイレは少なくとも、成人式ほど大切ではないのだった。

他の貧しい地域でも、消費のメインを占めるのは、お祭りや祝い事だ。こうしたことに、借金までしてお金をつぎ込むのである。本来であれば、優先順位を変えて、お金を使ってトイレを作り、他の消費を抑えるべきだといえる。

こう考えると、社会において、プライド（誇りや尊厳）という感情の存在はとても大きい。多くの文化をみると、実は命よりもプライドが大切だとされている社会は多い。中東の名誉殺人（＝honour killing：婚外性交渉を行った、あるいは疑われた女性などを、家族が「家の名誉を汚した」として殺害すること）、日本の腹切りなどもそうだろう。インドの「恥」の文化に至っては、「娘の持参金が払えないという恥を抱えて生きるくらいなら、娘を埋めてしまおう」というわけなのだ。誇りと尊厳というのは、人間が生きていく上で極めて重要なニーズなのだ。

消費社会の文脈で考えても、誇りと尊厳はかなり重要な役割を占めている。銀座の街を見れば一目瞭然だ。ハイブランドの商品を買うという行為は、一般社会に認められ、一目置かれ受け入れてもらう、そうした「安全」を獲得するために人々が求めるものだと言っていい。ブランド物のグッズ――ロレックスやプラダというのは、そうした身の安全を提供してくれるものなのだ。

人にはまた、向上心というものもある。社会の階層の上を目指したい、という気持ちだ。

人は論理的に物事を決断する前に、情緒的なレベルで物事を判断し決断することが多い。たとえば、一番安いシャツを買わないのはなぜなのか。一番安い化粧品を買わない理由は？こうした購買行動を正当化するために、わたしたちは毎日、何か目に見えない「価値」というものがあるのだ、と自分に言い聞かせている。こうした行動は別に銀座の街に限られたことでもない。たとえばアフリカの村でも、村長は、村人が非常に物質主義だといって文句を言っていることは珍しくない。「藁の家ではなく土の家が良い」、あるいは土の家を持つ者は「牛の糞の家が欲しい」と常に上昇志向を持ち、足るを知らないのが人間の性だと言える。

## 人の感情に着目して、トイレを増やしていった

人がいかに論理的ではないか。あなたたちの健康と衛生のために、トイレを作ってください、と論理的に説明して途上国の村人たちに訴えたとして、論理的にこの話を理解し、実際に行動に移すのは村人全体の20％くらいだ。残りの8割の人は、こうした話を聞いても行動に移そうとはしない。

行動に移す20％の人だって、単純に賢明な決断をする性格の持ち主という可能性もあるが、もしかすると親戚が都会に住んでいて、馬鹿にされたくない、という気持ちからかもしれない。娘や息子が彼氏・彼女を家に連れて帰ってくる時に恥ずかしい思いをしたくないから、テレビで見たライフスタイルに憧れて……など、その理由には様々な可能性が考えられる。

さらに、トイレのすばらしさを論理的に説かれても、「トイレを作らない」選択をする80％の人の考えや行動を変えるのは極めて難しい。なぜなら、周囲の人々が常に屋外で排泄するのが当たり前であり、「普通」である社会に住んでいるからだ。この大半の人にとっての「普通」にメスを入れるのは並大抵のことではない。こうした時に「利用価値」が高いのが、尊厳や誇り、といった人々の感情だ。

先に断っておくと、感情というのは、それ単体で良い、とか悪い、とかいうものではない。例えば母親が子供に対して「これはしてはいけない」とわからせるために怒ったとする。これは建設的な怒りだ。これが虐待や暴力といったものになってしまっては破壊的な怒りとなってしまう。ある程度の怒りを子供に見せることによって、子供が何かを学べば、それは良いことだ。子供がトラウマに陥るほど怒ってしまっては、良くないだろう。つまり、怒りや嫉妬、恐怖という感情も、重要な感情であるということだ。たとえば、自動車にひかれるかもしれないという恐怖がなければ、自動車事故に巻き込まれてしまう。だから、私は嫉妬という感情を建設的に活用することでトイレを普及させることにした。嫉妬という感情自体は良くも悪くもない。それをプラスに使うことができれば、嫉妬に限らず、どのような感情も非常に高い成果を生み出す力がある。

私は途上国でのトイレの販促費をかけようと考えたことはない。このことは後ほど第3章で詳しく言及するが、営業部隊を雇う代わりに、人々の尊厳や誇りといった感情に働きかけ、地元の噂好きの女性たちに「建設的な嫉妬」を醸成するお手伝いをしてもらうことにしたのだ。あの人の家にはトイレがある、あの人の家にはない……といった噂をしてもらい、トイレがステータス・シンボルになるよう働きかけたのだ。

再び銀座の例に戻ると、道を歩いていれば「プライド」が歩き回っている。プラダで買った、エルメスで買った——これは劣等感やコンプレックスから、消費者が買い物をした結果だと言える。これ自体を良い、悪いと言っているわけではない。人間の心理を活用すれば、様々なことが成し遂げられる、という点を理解してもらいたいのである。

## 「ミスター・トイレ」のドキュメンタリー映画が作られるまで

トイレ文化を意識させるエンターテイメントを提供することも大切だ。２００４年には「Toiletmen」（2004）というドキュメンタリーをナショナルジオグラフィックに制作してもらった。２０１９年には、HotDocsカナディアン国際ドキュメンタリー映画祭にて「Mr. Toilet：THE WORLD'S #2 MAN（ミスター・トイレ――世界の「大」いなる男）」がお披露目された（https://mrtoiletfilm.com/）。

本格的なドキュメンタリー映画で、「世界のウンコ情勢」について、誰が、どのように影響を受けているのか、各国の政治家が文化的、感情的かつ社会的慣習とどのように戦いながら衛生環境を改善していこうとしているのか、ということを描いている。衛生課題によって亡くなっている人々は、結局は「人災」によって命を失っていると言えるのだ。映画にはミスター・トイレ（私）やマイクロソフトの創業者であるビル・ゲイツ氏がつくったビル＆メ

ジャック・シム氏を主人公にしたドキュメンタリー映画「MR.TOILET : THE WORLD'S #2 MAN」

リンダ・ゲイツ財団も出てくる。当財団は、世界トイレ・チャレンジ[1]という活動を行っており、世界で最も安全で低コストのトイレ開発に貢献した人に2・5億ドル（約267億円）を支払うとしている。なお、ゲイツ財団は様々な形でWTOに協力してくれている、心強いサポーターだ。

トロントで行われたこの映画祭では公開後スタンディングオベーションを受け、学生票部門で1位を獲得し、「学生チョイス賞」を受賞した。国際映画祭には4000本の映画がエントリーされ、うち230本が選出されたことを考えると、その中で貴重な賞を受賞できたことは感慨深いことである。

作品は、周囲や同僚から「頭がおかしい」と誤解されながらも夢を追い続ける主人公（私）を追う。資金が底をつき、部下や幹部が去っていってしまった後に、より大きな資金が集まる。このことで、実はそれまで居座っていた幹部が、意識的か無意識的か資金集めの邪魔をしていたことが、判明する。組織の幹部というのは、必然的に組織を守ることに専念し、組織の目標は二の次になる場合が少なくないのである。

私の家族も登場する。私にとっては初めて聞く話ばかりで、また新たな発見となった。私の子供達や妻が私の活動をどのように見てきたのか、彼らの考えも描写されている。家族からは常にサポートをしてもらっていたのだと、改めて知ることができた。その後、中国へ行き、学校のためにトイレを作ったことや、インドで官僚とぶつかった話など、単なるドキュメンタリーではなく、多くのヒューマンドラマも盛り込まれている。

なぜこの映画が製作されるに至ったのか。映画の監督をしてくれたリリー・ゼペダ氏は、

【注】

1　ビル&メリンダ・ゲイツ財団のトイレ・チャレンジの概要

・排泄物から菌を取り除きリサイクルし、水などの資源は再度利用できる状態にする。
・オフ・ザ・グリッド（上下水道や電気がない場所）で使えること
・利用するのに、1日5セントほどの料金で使える料金で建てられること
・貧しく、都市化された場所において持続可能で、経済的に利益の出せる衛生サービスであること
・先進国、途上国問わず、未来技術を感じさせるようなプロダクトであること

ゲイツ財団による「トイレ・チャレンジ」で、カリフォルニア工科大学が1位を獲得したと聞いた。ジャーナリストとして取材に訪れた彼女は、カリフォルニア工科大学の担当者から私のことを聞き、コンタクトを取ったのだ。私はその時、ゲイツ財団のトイレ再発明フェアに参加するため、インドのデリーに行くところで、彼女は、インドで私達を撮影しても良いか、と聞いてきたので快諾をした。それがすべての始まりである。

最初は2週間の撮影という話だったのが、結果として5年半も撮影をすることになった。彼女はジャーナリストではあったが、一度も映画を撮影したことがなかった。カメラも使ったことがないくらいだったが、彼女はストーリーテリングという点において、プロフェッショナルであるという自負を持っていた。

彼女の勇気はすごいもので、このストーリー（トイレの社会的課題）を社会に広く知らしめたい、ここに伝えるべきストーリーがあるという信念を持ち、潔く仕事を辞め、彼氏の家に転がり込み、映画製作のプロらを招集した。映画祭に出品経験もあるような、第一線で活躍をしている人々である。彼ら全員が、勇気を出して一歩を踏み出した。

途中で資金が尽きるとプロジェクトを一時的に停止しながらぎりぎりの綱渡りで進めてい

った。結局４年間で30万ドル（約３２００万円）を調達したものの、編集作業をする為の予算がなかったので、そこでプロジェクトは止まってしまった。その後、出資者が見つかり、最終的には60万ドル（約６５００万円）を集めて映画は完成にこぎつけたのだ。

他方、ブラジルでは大手テレビ局ＧＬＯＢＯがドラマなどを通してトイレ文化を広めようとしている。２０３０年までに世界でトイレがない人をなくそう、という動きだ。

健康や衛生問題の解決は必ずしも先進国でなければ達成できないというわけではない。大規模なインフラではない、より手の届きやすい取り組みでこうした目標を達成することが可能なのだ。

## 世界トイレ機関は驚くべき低予算で運営されている

こうしたモメンタムの中で、たとえばドイツの『DieZeit』という週刊紙は、４ページのフルカラー特集でＷＴＯの活動を取り上げてくれた。通常なら、こうした宣伝は25万ユーロ（約３０００万円）ほどかかるところだが、無料で掲載してもらったのだ。また、ＷＴＯを創

## WTO（世界トイレ機関）のこれまで

| | |
|---|---|
| 1998 | シンガポール「お手洗い協会」創設 |
| 2001 | 世界トイレ機関（ＷＴＯ）創設、11月19日に最初の「ワールド・トイレ・サミット」（以下、ＷＴＳ）開催 |
| 2002 | ソウルにてＷＴＳ開催 |
| 2003 | 台北にてＷＴＳ開催 |
| 2004 | 北京にてＷＴＳ開催 |
| 2005 | ベルファストにてＷＴＳ開催 |
| | 上海にてワールド・トイレ・エキスポ＆フォーラム開催 |
| 2006 | モスクワにてＷＴＳ開催 |
| | バンコクにてワールド・トイレ・フォーラム開催 |
| 2007 | ニューデリーにてＷＴＳ開催、アショーカ財団のフェローに就任 |
| 2008 | マカオにてＷＴＳ開催、『TIME』誌の「環境ヒーロー」及びアジア開発銀行の「水のチャンピオン賞」受賞 |
| 2009 | カンボジアで「Sanishop」を始める、チャンネル・ニュース・アジアによる「アジアン・オブ·ジ・イヤー」に選出、シンガポールにてＷＴＳ開催 |
| 2010 | フィラデルフィアにてＷＴＳ開催 |
| 2011 | 海南省にてＷＴＳ開催、ＢｏＰハブを開始 |
| 2012 | 南アフリカにてＷＴＳ開催 |
| 2013 | 国連で「世界トイレの日」制定、ジャック・シム氏のドキュメンタリー短編「Meet Mr.Toilet」がカンヌ映画祭で上映、インドネシアにてＷＴＳ開催 |
| 2015 | デリーにてＷＴＳ開催、インドで「世界トイレ大学」開校 |
| 2016 | マレーシアにてＷＴＳ開催 |
| 2017 | メルボルンにてＷＴＳ開催 |
| 2018 | エリザベス女王の「ポイント・オブ・ライツ」賞及びルクセンブルク平和賞受賞、ムンバイにてＷＴＳ開催 |
| 2019 | ジャック・シム氏のドキュメンタリー「Mr.Toilet：The World's #2 Man」がHotDocs映画祭にて上映、サンパウロにてＷＴＳ開催 |

設してから今日に至るまで、平均すると週に2度はメディアの取材を受けている。大学でも講演をしており、こうした話を聞いた学生たちが社会人になって、勤め先の企業のCSR活動として、トイレの支援をしてくれることもある。一度、ムーブメントが軌道に乗ると、事前に想定されていないようなことが起こるのだ。

WTOは組織として、私以外に3人の職員しかいない。お金はほとんど必要ない、ということは多くの人にとって驚きかもしれない。私のスポンサーになってくれているANAは、世界中どこへ行く時もフライトのチケットを出してくれる（もちろん、ANAが就航している国に限るが）。

ワールド・ヴィジョンなどの募金団体では、職員の半数は募金集めを担っている。WTOはそういう人員も抱えていないのだ。募金で途上国にお金を渡すよりも、よりサステナブルな支援の仕方をしたいと考えているからである。

※2019年8月現在

## WTO（世界トイレ機関）が
## これまで活動してきた国々、計56カ国

■…該当する国

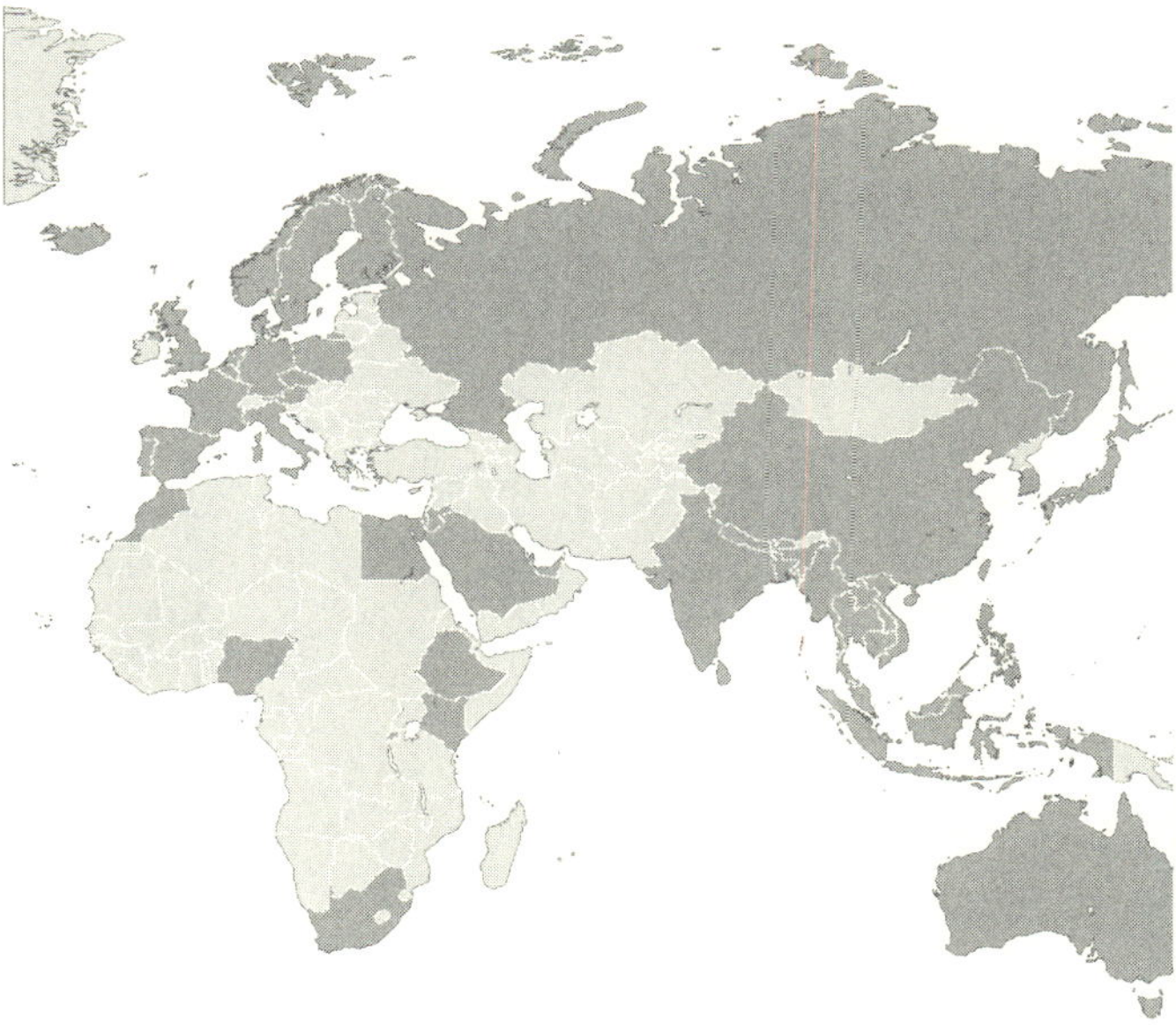

# Chapter 3

# 世界ウンコ情勢

〝カネやモノをばらまいただけでは社会課題、特に貧困に絡む様々な課題は解決しない。その地域を助けたいのなら、援助ではなく、投資をしなければならない〟

――ジャック・シム

Searching for someone who gives a sh**.
Mr. Toilet
THE WORLD'S #2 MAN
STUDENT CHOICE AWARD
hotDOCS
2019

## その土地に根付いている価値観を利用する

トイレを作ることは比較的簡単でも、トイレがきちんと使い続けられるような文化、土壌を醸成するのは容易なことではない。第2章でふれたように、村人にトイレの重要性を理解してもらうのは決して平坦な道のりではない。こうしたことを成し遂げるには、コミュニティのリーダーや政治家、民間企業、宗教リーダーのような人々に援助してもらう以外にない。そして幸いなことに、多くの宗教では清潔さが尊いものだとされている。キリスト教、イスラム教、仏教では、清潔であること＝良いこととして受け入れられやすいのだ。

ヒンズー教では、あまり清潔さが重要視されていない。したがって多くの宗教リーダーに清潔さをどのように宗教上の考えに置き換えて人々に理解してもらうべきか、助けてもらうことは多い。

「清潔さ」という価値を浸透させるという意味では、イスラム教が最も簡単である。彼らは日々、五回祈りを捧げる。彼らは祈りを捧げる前に自分を浄化しなければならない。トイレに行き、それから身を清め、礼拝をする。身を清めずに祈りを捧げても、それは祈りを捧げたことにはならないのだ。イスラム教のThe Holy Book（Hadith）は、トイレの使い方についても実に微に入り細に入り指示が書かれている。左足からトイレに入り、必ず右足から出る、どのようにして身体を洗うべきか、どのようにしゃがんで用を足すべきか……など非常に細かい決まりがある。こうしたイスラム教の教えに助けられ、バングラデシュでは屋外で排泄する人口が34％から3％にまで、たったの15年で減少した。もともと、その土地に潜在的に存在する価値観を利用することは極めて重要だ。

## 国が変わればトイレも「大」いに違う

中国の紫禁城には、9999の部屋があると言われる。ただ、トイレは1つもない。皇帝は銀製のおまるを使用していた。銀は殺菌効果があるのだ。また医者が皇帝の排泄物をみて健康状態を診ていた。市民や貧民は、大きな穴に排泄していた。排泄物は「黒い金」とみなされ、肥料などに再利用されていた。

インドでは、排泄物は完全なるタブーで、不可触民でない限り、絶対に触ってはいけないものだとみなされていた。トイレ文化は国によって全く異なるのだ。インドでは牛の糞は再利用してよくても、人間の糞はダメなのだ。

ヨーロッパではどうか。ロマンティックな城の周りに水があって、跳ね橋の上を白馬に乗った王子が渡ってくる、なんていうイメージがあるかもしれない。しかし、この城を取り巻くお濠《ほり》の水は、下水だったのである。すなわち、糞尿が城を守っていたということになる。こんなところを誰も泳いで渡りたいとは思わないだろう。一方で、そこでの排泄物は水とバクテリアが処理していたということになる。お国が異なれば、トイレ事情は大いに異なるということだ。

さて、トイレがどれほど普及しているかというデータを見ると、世界の人口の30%、約23億人は、全くトイレにアクセスがない状態だということがわかる。ケニアでは、トイレが空を飛んでいる。どういうことかというと、ビニール袋に用を足して袋の口をしばり、それをグルグルっと勢いをつけて窓から外へ放りだすのだ。道には、こうした糞尿が詰まったビニール袋がそこかしこに転がっており、そこを車で通ると、袋がはじけていく。

一人当たりのトイレ数が世界最低水準なのは南スーダンだ。では南スーダンにトイレを大量にばらまけば良いのではないか、と思うかもしれない。それはもちろん、一つの解決策だ。世界最高級の日本製のトイレとまではいかなくても、ひとつ10ドルで設置できるトイレをばらまけば、この問題は解決しそうなものだ。ただ、これまでも例を挙げてお話しした通り、単にトイレを作るだけでは、トイレ問題は解決しないのである。それは、トイレは単なるインフラではなく、れっきとした文化だからである。

## トイレを作るより、使い続けてもらうことが難しい

トイレ文化やトイレの教育がなければ、トイレを設置しても使われない、あるいはあっという間に単なる倉庫と化す可能性すらある。また、故障してしまったら最後、そのまま放置されるということも起こる。あるいは、汚いトイレがそのまま清掃されずに放置される、ということもあるだろう。

トイレを作ることは比較的容易でも、トイレを作った後に、それを使用し続けてもらう文

化を醸成することのほうがはるかに難しいのである。

　私が見た例をお伝えしよう。以前、南アフリカで政府の協力を得て、とある学校に非常に立派なトイレを作った。ところが、今ではそのトイレは壊れ、汚れ、悲惨な状態になっている。水すらひかれていない状態であり、トイレットペーパーもない。子供たちはトイレを迂回して、外の野原へ出て行って用を足している。なぜ、直さないのかと私が校長先生に尋ねると、お金がかかりすぎるから、と述べた上で、子供たちは給食さえ出せば学校に来る、トイレがあるから学校に来るのではない、と言う。だからトイレは直さないし、清掃もしない、と言ってのけたのである。私の知る限り、その当時、南アでは1万5000個のトイレが作られたが、今日、そのほとんどが使われていない。

　また、たとえばスラムには、たくさんの移動式トイレが導入されている。これこそ設置は簡単だ。ところが移動式トイレはあっという間に満タンになってしまう。すると、そのまま放置され、人々は再び、トイレではなく、野外で排泄をするようになる。元の木阿弥《もくあみ》である。これはいたるところで起こっており、その理由は、トイレの文化や意識といったものが根付いていないからなのだ。

こうしたことが起きているのは、アフリカに限らない。北京近郊に、とてもきれいなトイレが作られた。私が1年後にそこに戻ってみると、校長がそのトイレを自分の執務室に改造しており、トイレが消滅していた、ということもあった。

中国の他の地域に作ったトイレでは、その後戻ってみると、非常に清潔で素晴らしい状態だったところがあり、素晴らしい、と絶賛した。すると、トイレの清掃にあまりにもお金がかかるので、ＶＩＰが訪れた時のみ、トイレの鍵を開けて使用しているのだと説明をされた。したがって、地元の人々のトイレ事情は何も変わっていないことがわかったのだ。

「鍵をかけて使わせない」トイレというのはインドにも多く存在する。が、こちらはまた少し事情が異なる。インドでは学校にトイレがあるが、その多くに鍵がかけられていて使えない。理由は、学校のトイレに地域の人々が殺到し、子供たちはトイレが使えない状況が生まれているからだ。生徒ではなく地域の人が勝手に使うトイレを、学校側が清掃するのはおかしいという主張もあり、結局は生徒も含め、誰も使えない「開かずのトイレ」が存在するのだ。

なぜトイレ文化を浸透させることが思うほど簡単ではないのか。他の人と外で並んで排泄している人々の中には「なぜわざわざトイレを使わなければならないのか。外であれば空気も澄んでいるし、排泄中も人と世間話などすることもできる」と、そのような考え方をしている人も多い。これらの人々の「普通」という意識が変化しない限り、トイレを導入しても、根付くことはないのである。

## 中国

### 中国のトイレの「流れ」が変わった瞬間

中国のターニング・ポイントは、2008年の北京オリンピックである。もしもトイレが整備できなかったら、北京オリンピックの成功はなかった、と私はいつも言っている。ワールド・トイレ・サミットにおける一つの功績は、中国の観光業に関わるトイレのレガシーを作ったことだと考えている。北京でワールド・トイレ・サミットが開催され、その後、上海でワールド・トイレ・フォーラムが開催されると、中国の他の都市にもこのムーブメントが

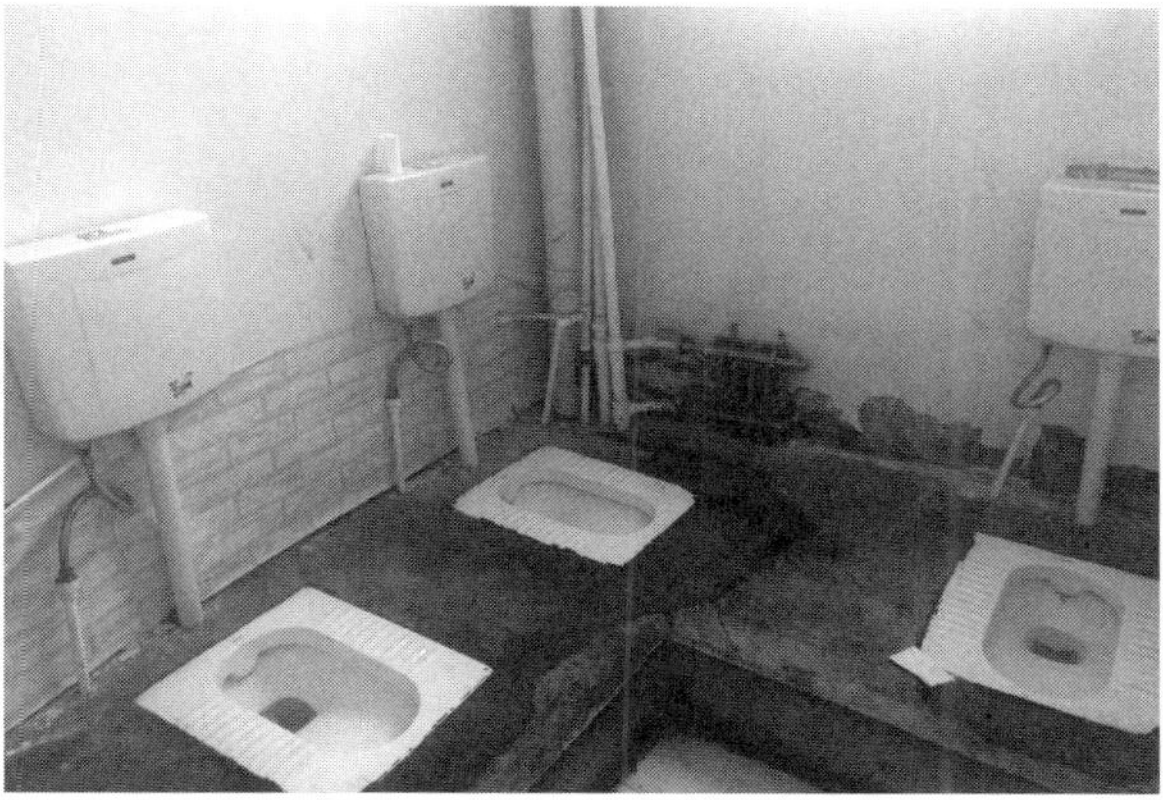

中国・大同郊外の壁のない「ニーハオトイレ」

伝播していった。過去3年間の中国で起こったトイレ革命の進化には目を見張るものがある。ショッピングセンター、バス停、空港、ガソリンスタンド、高速道路、観光名所などのトイレは次々と整備されており、こうしたトイレの美化に伴い、地方の貧困問題も改善されてきているのは、とても喜ばしいことだ。

さらに2008年のマカオ、2009年の海南省、2018年の西安などのワールド・トイレ・サミットや国際会議を経て、モメンタム（勢い）はさらに加速している。2019年には中国観光局がトイレ委員会を設置し、トイレ基準の設定を行ったのだ。自分の国のトイレが改善されると、中国人が他の国に行った際のお行儀も良くなることは言うまでもない。使い方がわかるようになったのだ。

## トイレ革命が観光価値につながる

中国の習近平主席は、トイレプロジェクトに極めて積極的であり、中国の「トイレ革命」という名を付けたのも、習近平主席である。きれいなトイレなくして、観光業は伸びないということに気づき、推進しているのだ。2016年の時点で、中国のGDPの約7%が観光業（インバウンドを含む）による（国家旅遊局発表）ということを考えると、納得できる話だ。

また、中国の人々の生活水準が向上するにつれて、トイレに対する期待値も上昇している。このことを受け、中国全土の観光庁は、トイレの美化にまい進しており、過去数年における、大都市の公共トイレのレベルの向上は目覚ましい。

とはいえ、まだまだ改善の余地は残されている。北京の胡同《フートン》のあたりのトイレはとても新たな基準を満たしていないが、より大きな観光スポットである紫禁城や天安門周辺のトイレは見事なまでに美化された。政府はトイレの美化が観光業収入のアップ、医療費のコストの削減、また政府に対する世論の好感度アップにつながることに気づき、やらぬは損と必死に取り組んでいるのだ。そのやり方についても、たとえば「トイレシートが盗まれたらどうする?」といった懸念については「盗まれたらまた設置するだけのこと」とかなり強気である。中国に選挙はないが、世論が極めて重要であることに変わりはない。

インドネシアなどでも多くのＡＳＥＡＮ諸国同様、トイレ美化運動が始まった。これには国連で「世界トイレの日」が制定されたことも大きく影響している。

## カンボジア

### トイレの地産地消　SaniShopの設立とトイレのブランディング

カネやモノをばらまいただけでは社会課題、特に貧困に絡む様々な課題は解決しない。その地域を助けたいのなら、援助ではなく、投資をしなければならない。この考えに基づいて、カンボジアで始まったのがSaniShopである。トイレの地産地消というアイデアだ。

地場の人によって、トイレ需要を喚起してもらい（これは営業活動やイベント、インフルエンサーなどの助けを借りて行う）、地場の職人（SaniShopのトイレ製造研修を受けてもらった製造者）にトイレを供給してもらうというものだ。安価にクオリティの高いトイレを製造できる上、現地で手に入る資材を用いて作られる。また、製造者が現地にいるので、メンテナンスもできる、というしかけだ。

この「工場」は建設に２０００ドル（約22万円）かかる。１０００ドルはトイレの型などを製造する費用で、残りの１０００ドルは運転資金だ。小さな地場工場だ。２００９年にカンボジアで、ＷＴＯと、ノース・キャロライナ大学、リエン・エイド、iDEとの共同作業で始まった。２００９年から２０１４年までの間に、カンボジアでは約1万１２００個の家庭トイレを作り、カンボジア7地域において、５００人の営業・起業家を育てた。

じつは、トイレの製造者は営業しなくても良い。営業は村の女性たちが担ってくれるからだ。より正確にいうと、彼女たちの「噂話」力に頼るわけである。第2章で紹介したように、「だれそれさんの家にはいまだトイレがない」、とかいう噂好きの女性の口コミの力は、ものすごい威力を発揮する。また、トイレを設置した家庭があったら、営業の女性に3ドル支払う、といったインセンティブを与える。マーケティング戦略としてはかなり冷酷ではあるが、機能することも確かなのだ。村の人々は、常に相手と自分を比較して生きている。このダイナミクスを把握することで、このようなコミュニケーションが成立するのである。トイレがステータス・シンボルになるように、ブランディングをしてしまうのだ。

## 噂好きの女性を活用したトイレ大作戦

私がこのように考えるに至ったのには、かつて自分がシンガポールの貧しいカンポン(村)で育ったことが大きく影響している。思い出せばその頃は毎日、お昼時になると、話し好きのおばちゃんが訪ねてきていた。おしゃべりをしに来ているのだが、一方でこの家ではどんなものが食卓に並んでいるのか、といったことを、それとなく見に来るのである。母はこの女性に見られることを意識して、昼ご飯と夜ご飯を一気に作って全部、テーブルに並べていた。つまようじがささったものは夜ご飯だと教えられていた私は、つまようじがささっていないものだけを、お昼に食べた。

こうした観察と経験から、村に住んでいる人にとって、近所の噂話やご近所からの評価がいかに重視されているかということを学んだ。私の育った村には、我が家の隣に一軒だけ、床が土の家があった。貧乏な村の中でも、この家はまたとびきりの貧乏で、周囲の貧困家庭ですら作ることができていたコンクリートの床を作ることができなかった。この家の子供たちは大きくなって働き始めると、真っ先にこの家の床をコンクリートにした。それも、ただのコンクリートではなく、コンクリートに色素を混ぜてカラーコンクリートにしたのである。そして、今までコンクリートの床がないといってバカにされたが、「ごらんよ、今は我々の家には色付きコンクリートの床があって、あなたたちは『ただのコンクリート』の床だ」といわんばかりの顔をしていたことを覚えている。

つまり、村における噂の力というのは、大変に強力かつ重要なのである。噂話ときくと、なんだかあまり良くない印象を受けるかもしれない。「噂好き」という単語にも、ネガティブな印象が付きまとうのは万国共通だろう。ところが噂話をして回るその人間は、往々にして、その人自身があまり幸せでない場合が多い。このエネルギーをどうにか良いことに活用できないだろうかと考えた結果、噂話好きの女性は、実は最強の営業ウーマンでもある、という結論にたどり着いたのだ。

## トイレの普及が女性の収入にもつながる

そうして、トイレを1個販売するごとに3ドルの収入が得られるというインセンティブを女性に提示した結果、何が起こったか。彼女は初めて自分の収入源を得ることによって、家庭の中でも自立することができ、自分の夫や姑からも一目置かれるようになったのだ。

ちなみに、噂好きな人はどこで見つけるのか、と疑問に思うかもしれない。彼女たちを見つけるのは非常に簡単だ。「話好きの方、募集します」というビラを貼るまでもない。村に足を踏み入れた時に、最初に好奇心いっぱいに話しかけてくる人。その人が「トイレの営業ウーマン」となりうる人である。

とはいえ、いくら噂話の力に頼ったところで、簡単にトイレが定着するわけではない。村や町の住民のトイレ導入率についていうと、最初の40%は比較的簡単に達成できるが、その後はいくら「噂話」部隊が頑張っても、あまり威力を発揮しなくなるのだ。なぜなら、自由になるお金がある人はさっさと購入してくれるのだが、その後の導入率が伸び悩むからだ。そうなると価格を少し安くして、廉価版を販売するという手法を取る。こうして、カンボジアではトイレの普及を進めていった。

# インド

## インドの水は9割が汚染されている

インドでは水という水の90％が糞便によって汚染されており、毎年150万人もの5歳未満の子供が亡くなっている。2017年にインドと中国で大ヒットとなった「Toilet：A Love Story（トイレ　愛の物語）」というボリウッド映画があるが、これは宗教上の理由から家の中にトイレを作ることに抵抗がある人々が多いインドの日常を描いた映画だ。インドの大スター、アクシャイ・クマールが演じていることも相まって大きな話題となった。

映画は、主人公の女性ジャヤが結婚をし、夫の実家に移り住むと、その家にトイレがないことに憤慨する、というところから始まる。インドでは、都市部の7・5%、郊外や田舎では50%の人々がいまだに屋外排泄をしているため、このストーリーはインドの人にとってはリアリティのある話である。村に移住したジャヤの元に村の女たちが集まり、毎晩、各々が水がめを抱えながら、集団で野原へ排泄に行く。「自意識を捨ててリラックスすればすべてがうまく行く」なんてアドバイスをされながら、日々、この上ない苦痛を強いられる。

## レイプの30%は、トイレがないために起きている

ちなみにインドでは、女性へのレイプの実に30%が、屋外排泄をする時に起こっている。したがって女性が集団でトイレに行くというのはよく見られる光景だ。ところが、都会出身のジャヤはこうした日常にやり切れず、夫に頼んで一駅離れた電車の駅まで送ってもらい、電車が走っている間に、電車のトイレで排泄をし、実家の駅で降りる、という生活を始める。ところがある時、実家のある駅を乗り過ごし、そのまま、二度と夫の元へは戻らなかっ

た、という結末で話は幕を閉じる。

余談になるが、インドでは電車でトイレに行くと、そのまま排泄物が線路に落ちるようになっている。すると何が起こるか。駅に近づけば近づくほど、列車のスピードが落ちるため、排泄物もより多く堆積するわけで、駅の周辺に行くにつれて、ものすごい臭いが漂ってくるのだ。

## カーストと切り離せないインドのトイレ文化

インドには、私が責任者を務める「世界トイレ大学（ワールド・トイレ・カレッジ）」が2校ある。２０１４年にデリーで開催したワールド・トイレ・サミットで知り合ったスワーミ氏が、やろうと申し出てくれ、協力することになった。彼は、イスラム教徒、カトリック教徒、シーク教徒などの異なった宗教団体を連れてきてくれ、皆と強固なパートナーシップが築かれることとなった。ここで何を教えているかといえば、それは下水処理だ。

インドでは、下水道システムの構造は、誰かが下水に潜ることを前提としている。Dalits

と呼ばれる不可触民の役割である。この排泄物の海に潜って、きれいにすることが彼らの専売特許であり、生業なのだ。だから、この仕事がなくなることに恐怖心を持っている。しかし、彼らの平均寿命は約40歳だ。明らかに、この仕事をしていることが原因で寿命が極端に短いということがわかる。

ヤシの実からできた度の強いアルコールをクイッと飲んで、彼らは潜るのだが、下水に潜る時に、有害ガスを吸い込んでいる。こうした行為はじつはインドの法律では禁止されているのだが、そもそものインフラがこうした不可触民の存在を前提としたつくりになっている。そのために、ちぐはぐな状況が生まれているのだ。私たちは、彼らに下水を処理する機械を適切な形で使うことを根気よく、教えている。不可触民の労働者たちは、この機械が自分たちの仕事を奪うのではないかと警戒しているが、そうではないと説明を繰り返している。

また、清掃員の教育も行っている。インドのカナテカから、2000人のトイレ清掃員がシンガポールに送られた。彼らはシンガポールにあるワールド・トイレ・カレッジにて、研修を受けたのだ。飛行機にすら乗ったことのない彼らに、政府がパスポートを支給し、3日間、シンガポールに来て、街を歩き、買い物などをする時間も与えた。インド政府いわく、一番てっとり早いのは「本物を見せる」ことなのだという。道が美しく、トイレもきれいで清潔という、シンガポールの状況を見せるのだ。

また、私たちがトイレ清掃員の研修で最初に取り上げるのが、トイレの歴史だ。トイレの発明が、人間の寿命を20年延ばしたということを伝える。あなたたちの仕事は、人々が生き続けられるようにお手伝いをすることなのだ、と教えるのだ。もしもあなた方が仕事をしなければ、社会は機能しなくなる――このことが理解できると、「最低限の仕事をこなす」という意識から「とことん仕事をする」という意識が芽生える。

想像してみよう。仮にすべての公共トイレが清掃されていなかったら？　1週間もその状況が続いたら？　これが国にとって一大事であることは明らかだ。清掃員の人々に自分たちの仕事が意義深いことだと、プライドを持ってもらうことはとても重要である。

## デリーの道端で――「スクワット・イーズ」という名のイノベーション

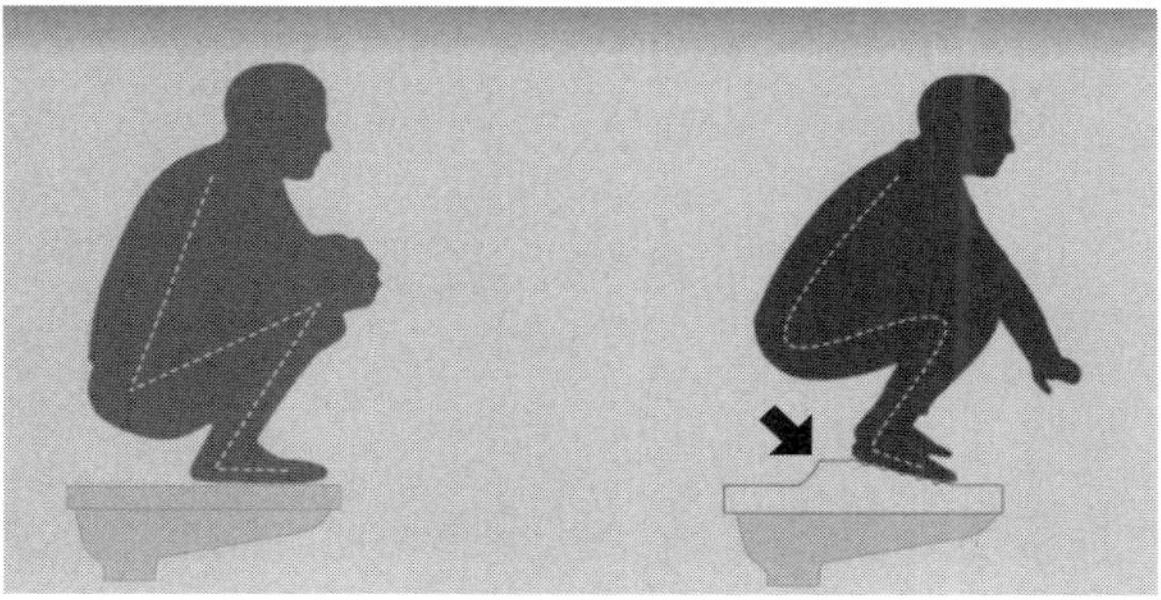
かかとを安定させてしゃがめる「Squat Ease」のデザイン

　また、イノベーションに必ずしもお金がかかるわけではない。ある時私は、インドのデリーの道端で見ず知らずのインド人青年と世間話をしていた。「私はミスター・トイレです」と自己紹介をすると、彼は目を輝かせ、自分はプロダクト・デザイナーで、トイレのデザインをしている、と話してくれた。さらに話を聞いてみると、これがなかなか面白い。
　いわゆる「和式」トイレで問題なのは、かかとをつけた安定した状態でしゃがむことが困難な人々がたくさんいるということだ、と彼は熱心に語った。だからといって、つま先立ちでしゃがむというのもバランスが悪く、落ち着いてトイレに行くことができない人が多くいるのだ、と。そこで彼はしゃがむ場所に傾斜をつけて楽にしゃがめるトイレをデザインしたというのだ。

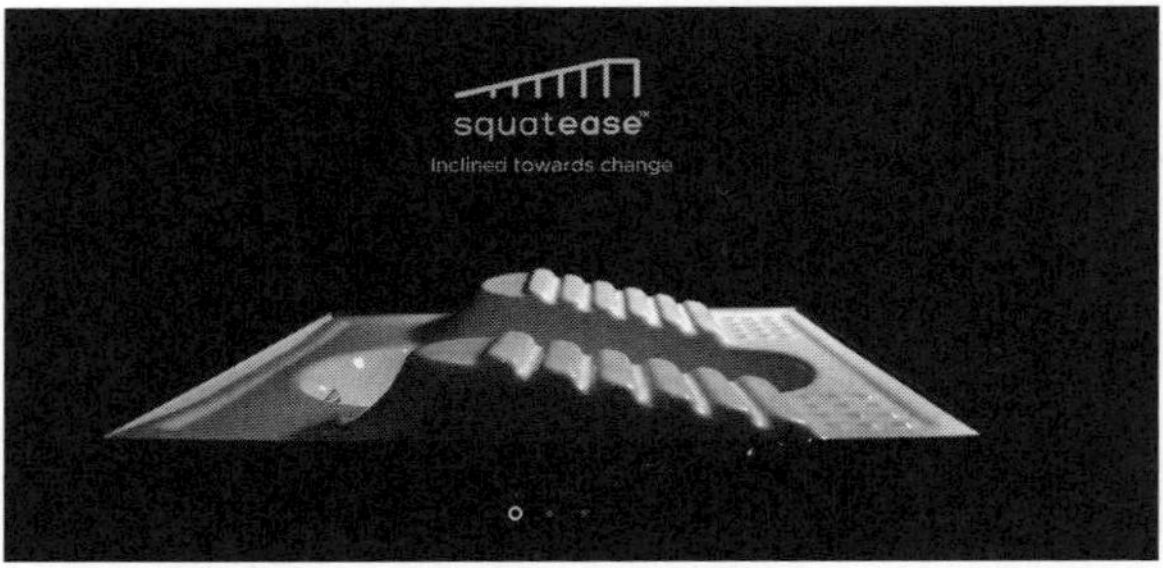


私は「これは素晴らしいアイデアだ」と思った。そして彼を応援することに決めた。この青年は父親と共に小さな会社、Sanotionを立ち上げ、私は彼らをインドの宗教リーダーたちに紹介した。

「Squat Ease（楽にしゃがむ）」と名付けられたこのトイレは、インドのモディ首相が主催するイノベーションコンテストに出品され、様々な審査を乗り越え、結果として賞を受賞することができたのである。その後、受注も沢山受け、彼の父親がマーケティングのコンサルタントであることも相まって、うまくビジネスが回り始めた。私はＷＴＯとして非常に少額だが、この会社に20％出資した。

Squat Easeの便器は、メーカーとライセンス契約を結び、様々な地場の生産者たちに生産させている。我々にはトイレ一つにつき、数セント（数十円）の収入が入る、という具合だ。

さらに私は、彼の会社に新たなプロダクト・デザインを依頼している。今度はトイレではなく、子供用の靴だ。子供の成長は早い。貧しい地域では、すぐ使えなくなってもったいないから、と子供は靴を買ってもらえないのが通常である。ところが、不衛生な中、はだしで生活をすると足から細菌が入ることもあり、病気になりやすい。足裏というのは、意外にも繊細なのである。そこで、サイズ調節が可能で、かつ一度買えば、その後お金を払わなくても大きいサイズに交換可能な靴を開発している最中だ。返却された靴はまた他の人に履いてもらうという形で、リサイクルを考えている。

この靴が製品化されれば、幼児期から中学・高校生くらいまで、本来であれば15足買わなければ足りないところを、サイズ調節が可能なので5足で事足りる。しかも買うのは最初の1足分の値段だけ、あとは無料で上のサイズへの交換が保証されるのだ。

製品開発というとたいそうな話に聞こえるかもしれないが、大きな研究所や企業に頼ってはいない。家族経営の彼の会社は、近所の商店街にある靴屋でプロトタイプを作りながら、資金集めもしている。先日、シリコンバレーでこの話をしたら、途上国ではなく、まず先進国でローンチしたらどうか、というアドバイスをもらった。それも面白いかもしれない。

さらに、「ジャックポット」という名のスラムのトイレも開発中だ。ジャックは私の名前から来ている。ポットは普通であればお丸という意味だが、「ジャックポット」というと、英語で「大当たり」という意味でもある。夜中、女の子がトイレに行くのは非常に危険だ。したがって家の中に置くことができて、かつ臭わないものを開発している。

つまり、良いアイデアを見つけて、それを育てることは、決してお金がかかることとは限らない、ということだ。

# 先進国

## ダイバーシティとトイレ

先進国には先進国でトイレの課題がある。先進国のトイレの課題というのは、ＬＧＢＴや身体障害者のトイレをどうするか……など様々だ。何も車いすに乗った人だけではない。目が見えない人、耳が聞こえない人など、障害の種類も様々だ。人工肛門（ストーマ）を抱えている人かもしれない。色が識別できない人かもしれない。

トイレの待ち時間平価（Potty parity (male/female) proportion）については、シンガポールで２００５年に法律が改正された。女性のトイレ時間と男性のトイレ時間の平均をみると、女性は平均１０５秒、男性は平均35秒だ。このことを鑑み、女性トイレの個室数を増やすべきだということが公式に制定され、個室の数だけではなく、鏡の面積も必要だということが決まったのだ。建造物には、この規定が取り込まれることになった。したがって、２００５年以降に建てられた建物において、シンガポールでは女性は並ばなくてもトイレを使えるようになった。香港や中国でも、同じ法律が導入されている。

また、トイレも社会の進化、変化とともに進化を続けている。アメリカでは、自分が自身の性をどのように定義づけるかによって自分が使うべきトイレを決めるべきだ、という議論が当たり前のように起こっている。多くの大学ではジェンダーレス・トイレが当たり前になっている。ジェンダーというのは――この間、フェイスブックで調べたら、選択できるジェンダーの項目数は少なくとも50種類以上あったが――信じられないほど多様になっている。生物学的に男性で、男性の外見だが、女性の心を持っている人。女性に生まれ外見は男性で、男性の心を持っている人……といった比較的理解しやすいケースから、ジェンダーの種類がはるかに増加しているというのだ。社会課題の先進国である北欧ではすでに、公共トイレはジェンダーレスになっているところが多い。最近では東京でもホテルやホステルで、ジェンダーレスな場所が出てきた。トイレというのは、その時代の、またその社会の鏡となる場所なのだ。

## トラック運転手のトイレ問題

私は個人的には、先進国においてはジェンダーよりも、むしろ業界ごとのトイレ事情について、改善の余地に期待をしたい。たとえば、アメリカのトラック運転手などの運輸業に従事する人たちのトイレ事情は悲惨である。女性が少ないため、女性専用のトイレがなくて女性が男性と共同のトイレを利用しなければならないことは日常茶飯事だ。またトイレ自体の状態も良くない。高速道路では、一般車とトラックでは駐車スペースも休憩スペースも異なる場合が多く、トラック運転手などが利用できるトイレ環境はひどい場合が多いのだ。

都心部ではなく、大自然を見ると、またここにはトイレの問題が山積している。エベレストのトイレもひどいものである。トイレ、というかトイレはないため、登山者は皆、エベレストへの通り道で用を足すわけだ。糞尿は凍り付き、誰も掃除していない。こうした美しい大自然も糞尿で汚染されているのだ、それもこの場合は新興国を訪れている多くの先進国の人々によって、である。

## 日本の真なるソフト・パワー

こう考えた時、日本の最大の輸出資源は、日本のトイレ文化だと言いたい。

日本にはソフト・パワーがある。マンガといったコンテンツはもちろん、「高品質」が最大の武器でもある。日本食、音楽、「カワイイ」文化……これらはよく知られていることだが、ここに「トイレ」を追加すべきなのだ。それはインフラという意味ではなく、トイレ文化という意味のトイレである。

確かに、世界を見渡すと、日本のトイレは最高だと絶賛されている。日本政府は日本のトイレ技術がその勝因だと思っている。それは事実だが、私にとってそれはほんの一部の話でしかない。トイレ文化こそが、日本の素晴らしいソフト・パワーなのだ。

トイレをとりまく、社会・文化・トイレに対する水準・期待値――すなわち、次に使う人のことを考える気づかい、清潔にしよう、丁寧にものを扱おう、といった気持ち。こうした、日本人にとっては空気のように当たり前だと思われていることこそが輸出すべきものなのだ。

私は、もし日本でトイレ・サミットを行うのであれば、日本のトイレのソフト・パワーを輸出したいと考えているところである。

# Chapter 4

# 社会の糞詰まりを治す

## 40歳から社会起業家に

〟政治家には腐敗している人間が多い。しかし私は政治家と手を組むことを選択する。政治家に良いところが5％あったとして、その5％に自分が関わっているのであれば問題がないと思っている〟

——ジャック・シム

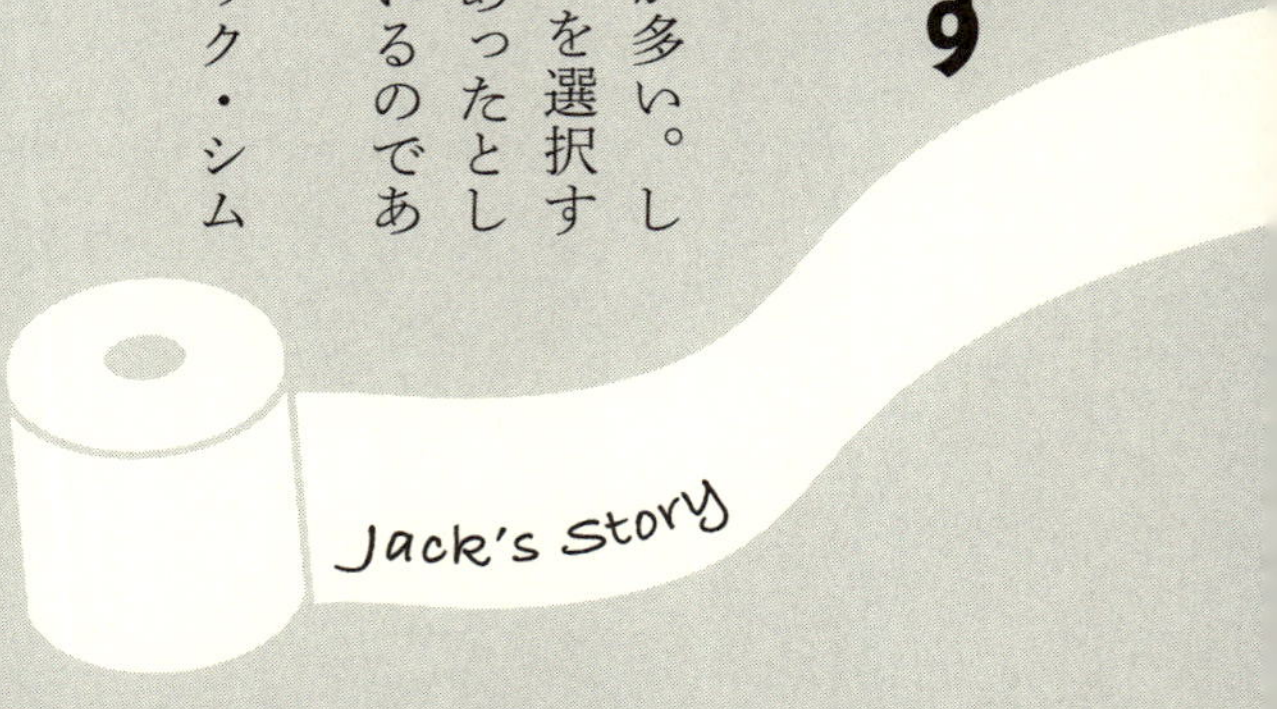

私は祖母二人から大きな影響を受けた。一人は、私にこう言った。若い時は格好良くなりたいと思うかもしれない。それでも、そんなことよりも能力を磨き、努力して頑張ってキャリアを築き上げれば、女の子は後からついてくる、と。この教えに基づいて、人生の前半はがむしゃらに働いて16の会社を立ち上げた。

私のもう一人の祖母は、現代的な考え方の持ち主だった。「倫理やモラルは大切にしなさい。ただ、法律が必ずしも倫理的とは限らないことも覚えておきなさい」と、教えられた。「何かを成し遂げるにあたって、慣習やお約束事を破ることも必要な時がある。何かが正しくないと思ったら、行動を起こしなさい。あなたの無関心がゆえに犠牲になる人がいるのだから」と言われていたのだ。それで、人生の後半は社会課題に身を捧げることを決断した。

世の中を見渡すと、様々な問題が目に飛び込んでくる。インドではアルコール、中国ではタバコが安く手に入る。その理由は、それらが国営企業によって提供されているからだ。安く手に入るがゆえに喫煙量、飲酒量が減らない。お酒が安く入手できることで、家庭内暴力が悪化したりしている。中国では――主に男性だが――実はトイレに座っている人が皆、たばこを吸っている。トイレの臭いをかき消すため、またトイレにたかってくるハエを追い払うために、トイレに行くたび、タバコに火をつけるのだ。とすれば、トイレが整っていないことによって、肺がん率まで上昇する可能性がある。こんなことに気づくことが、関心や問題意識を持つことへの第一歩である。

## ビジネスプランなど持っていなかった

私は社会起業家と言われているが、2005年の「ワールド・エコノミック・フォーラム」で社会起業家としての賞を受賞して初めて、自分が社会起業家なのだ、と意識した。私としては、小難しい「ビジネスモデル」を社会課題に当てはめて考えようと計画したことはなく、常識的な考え方で自分が成し遂げたいことに向き合った結果として、今の活動が生まれたといえる。そのプロセスは極めて自然なものだった。学校で何か学んだわけでもない。社会起業家を目指して、今では学校に通う人もいるのかもしれない。

私が社会起業家としての受賞時にスピーチで話したのは、我々は、賞をもらうために日々の活動をしているわけではない、ということだ。もちろん、賞をもらうことによって、自分の活動に「箔《はく》」がつき、信頼性も高まる。ただ、私の場合はビジネスプランや計画を持たずに動いてきたことが吉と出た、という感が大きいといえる。

さて、私がなぜ、社会起業家として賞を受賞したのか。このことについて考えると、もしかしたら自分は偽善者なのではないか、という思いにとらわれることがある。私はトイレを発明したわけでもないのに、「ミスター・トイレ」と呼ばれている。私は一体、何をしたのか。もしかすると、何もしていないのではないのか。

## 不安になった時は「もし自分がこの仕事をしていなかったら」と考える

そこで考えるのは、もし、自分が全く活動をしていなかったとして世の中はどうだったか、ということだ。トイレ問題は引き続き、学術用語で語られていたかもしれない。SDGsでは衛生が「水」問題の傘下にあるままで、衛生問題として独立させてもらえていなかっただろう。国連の「世界トイレの日」も制定されていなかった。インドや中国でトイレ革命は起こっていなかった。

断定はできないものの、こうしたいくつかのことが言えそうだ。これらを踏まえて、改めてなぜ、トイレを発明したわけでもない私がミスター・トイレとして賞を受賞したのかといえば、それは私の周囲の人間が多くのことを達成したから、その人々が行動を起こすきっかけを作ったからだ、と言える。つまり、私一人が成し遂げたことではなく、一つのムーブメントが起こったからだ。マイクロファイナンス（貧しい人々に少額のローンを無担保で提供すること）で有名な、グラミン銀行のムハマド・ユヌス氏は、マイクロファイナンスを発明したわけではない。では彼は何をしたか。彼はムーブメントを作ったのだ。彼はマイクロファイナンスの普及に貢献した。

2014年にノーベル平和賞を受賞したマララ氏はどうか。彼女は「女の子たちも学校に行くべきだ」と言った。それでノーベル賞を受賞した。これは新たなアイデアではない。しかし、彼女のおかげで、大きな運動が始まるきっかけとなった。他にも、ネルソン・マンデラはアパルトヘイトの終焉に貢献した。

彼らは、大きなうねりを生み出すきっかけを作った人々なのだ。

## シンガポールの貧しい村に生まれて

1957年、私は当時まだ英国領だったシンガポールに生まれた。シンガポールが独立したのはその8年後の1965年。当時のシンガポールは今とは異なり、貧しく、イギリスの植民地だった。屋外で排泄することも当たり前で、公衆衛生も悪く、下痢は蔓延し、腸チフスの流行も多かった。

私が暮らしていたのは、貧しく小さな集落だ。屋根はヤシの葉で葺《ふ》かれ、壁は木材、トイレは汲み取り式の共同トイレで、一列に並んだトイレ小屋に入り、両足で板の上に乗っかり、しゃがんで用を足していた。

トイレットペーパーはなく、その代わりに、新聞紙を四角く何枚も切ってワイヤーに刺したものを使っていた。5歳年上の兄は、「政治家になんかならない方がいい。新聞に出たりしたら、自分の顔でお尻を拭かれるぞ（笑）」といつも言っていた。

汲み取りは週に一度、夜に行われた。穴の下にバケツが置かれていて、1週間もすれば

ジャックの子供時代

様々な糞尿の色、血液、紙で溢れかえる。周囲には大きな緑のハエが飛び回り、子供の私にとってはトラウマとなるような恐怖体験だった。トイレに行くのが嫌で、お丸で用を足して、それを親が捨てに行ってくれたこともあった。

コレラや蛔虫《かいちゅう》が当たり前に存在し、多くの人が病で亡くなっていった。子供たちの服もお下がりで、特に小さい子供は、靴をはいておらず、汚れた足でトイレから家の中から様々なところを走り回っていた。石鹸もなく、水道といえば村の真ん中にある蛇口を村人が皆で使用していた。衛生面では最悪の環境だった。幼い子供たちのお尻から蛔虫が出てきて、ぶらぶらとぶら下がっていたことも鮮明に覚えている。

そんな環境ではあったものの、決して不幸ではなかった。周囲にあるもので工夫しておもちゃを作ったり、家族と笑い合ったり、良い思い出も沢山ある。お金が無い人は不幸だと思われがちだが、そんなことは全くない。貧乏であっても金持ちであっても、結局、周囲と自分を比較するかしないか、で不幸だと感じるか感じないかが決まるのだと私は学んだ。

幼い頃、こうした貧しい村で育った経験が今、役立っている。それは村社会のダイナミクス——貧しい人々が、お互いを支えあって暮らしていく様子、どのような場合にお互いを見下げ、蔑むのかなど——がわかっていると、彼らとのコミュニケーションに大きな違いが生まれる。たとえば貧しい人ほど、ご近所（お隣）の目を気にし、精神的な支柱をより重視とする傾向がある。こういった経験に基づいた知識が、トイレの普及活動に役立つことはいうまでもない。

1960年代に入ると、シンガポール政府がスラムや小さな村を解体し、公共の団地（HDB）を建設しはじめた。1962年、私は5歳の時に親族ら3家族とともに、このHDBに移り住んだ。生まれて初めて水洗トイレを見た瞬間だ。団地の間取りは、寝室2部屋、玄関、キッチン、トイレで、ここに親族3家族が一緒に暮らし始めたのだ。どの家が多く賃料を払っているかで、寝室などが割り振られており、私の「寝室」は玄関だった。贅沢とはいえない生活だったが、最大の違いは、我々の家の中に水洗トイレがあった、という点だ。水洗トイレは安全性、健康、衛生環境を劇的に改善し、それ以上に、（私も含め）水洗トイレを使い始めたことで、自分はれっきとした社会の一員なのだという喜び、プライドが芽生えた。

## 計画が限界の壁を作る

私は学校では問題児だった。お金がなかったので、中古の教科書が手に入るまで自分の教科書がなく、3カ月間自分の教科書がないまま授業を受けていたら、全く授業についていけなくなっていた。思いやりがあって教科書を一緒に見せてくれるクラスメートもいれば、そうでない子もいた。また、教室では常に喋っていて、冗談を言い、人を笑わせて周囲の邪魔になるということで、廊下に立たされてばかりいた。結局、授業の内容にはついていけずじまいだった。廊下に立たされている間は空想ばかりしていた。シンガポールでは16歳の時に受験しなければならない統一試験で、見事に全教科で落第点を取り、兵役2年間を経て職業訓練学校（ITE）へ行き、ホテル業・ケータリング業について学んだ。ところが、その後はホテル業界に入ることはなく、建設業に入った。

そこでは何も知識がなかったのに、建設現場の監督を任され、案の定あまりうまくはいかなかったので、辞めることとなった。お喋り好きだったので、自分には営業が向いているのではないかと漠然と思っていると、建設に関わるスイス企業で営業のポジションが空いていると知り、さっそく応募し運よく就職できた。そこでトップセールスになり、その後すでにビジネスを立ち上げていた兄と兄の仕事のパートナーの元で働き始めたのだ。

兄は世界中から様々な建材（フランスのタイルやドイツの屋根素材など）を輸入する仕事をしていた。そのうちビジネスが成長すると、輸入先のフランスなどから、この量を輸出するのは大変だ、そちらで工場を作ってくれと言われ、シンガポールの隣国マレーシアに最大のレンガ工場を建設することになった。レンガとは何か。工場とは何か。そもそも建物を建設するとはどういうことなのか。皆目見当がつかない私にすべてが任された。こうした、とんでもない経験が、その後に大きく役立った。プライドに邪魔される余裕すらない立場に置かれた結果、何も知らないので知っている人に頼る、お金がないので投資家に頼る……といったことに躊躇しないようになったのである。

さて、ビジネスが順調にいっていると思っていた最中、1997年にアジア通貨危機が起こり、経済が不況に見舞われた。建設業はすでに進行中のものがあるので、パタっと仕事が消えてなくなるわけではないのだが、確実に先細っていく。だんだんとやることがなくなっていき、少しずつ、暇になっていく自分がいた。常に何かをしていないと落ち着かない私としては、この「暇」が窮屈でたまらなかった。

## 起業家を「卒業」して

1998年。不況で仕事が減ってきたことに次第に焦燥感が募っていたが、仕事を増やすために起業をしよう、という気は一切なかった。私は16社もの会社を起業してきた根っからの起業家だった。しかし、この不況にあっては新たなビジネスを始める気はさらさらなかった。むしろこれまで自分が働いて築き上げてきたと思ったものが、いかに簡単に消えてしまうかということを嫌というほど痛感していた。ビジネスだけはやりたくない、そこまで思い至っていたのだ。

大きな借金をして15件の不動産を抱えていた私は——今では信じられないかもしれないが、当時シンガポールの不動産価格は半減してしまった——文無しになった、という悲痛な気持ちになっていた。この不景気から抜け出したら、いや、仮に抜け出すことができたら、その時はもうビジネスはやりたくない、そんな気持ちだったのだ。

働いて手に入れて、自分のものだ、と思ったのもつかの間、結局は借金をしていたので自分のものでもなんでもなかった。そんなことを痛感させられた。その後の不況では、前向きに儲けるという考えではなく、マイナスを最小限にする、というアプローチでビジネスをなんとか回復させたが、私の自信は打ち砕かれ、生きる目的を探すようになっていた。

ちょうどそんな時、新聞を広げると、政治家ゴー・チョクトン（前シンガポール首相）が「we should measure our graciousness according to the cleanliness of our public toilets」（我が社会の成熟度は我々の公共トイレの清潔さと比例していると考えるべきだ）と発言したという話が目に飛び込んできた。これを見て、これだ、と思ったのだ。これがまさに私が

Restroom Association of Singapore（シンガポール「お手洗い」アソシエーション）を始めたきっかけとなった、その瞬間である。

別に昔からトイレに情熱を持っていたわけではない。ただ、ゴー・チョクトンの言葉が目に入った瞬間、色々な意味で、なんだか、昔のいたずら坊主だった時の感覚が戻ってくる気がしたのである。トイレについて大勢の人に話し、大勢の人を笑わせ自分も楽しみながら、社会に貢献ができる。この社会福祉活動を行うには、まさにもってこいの資質を自分は持ち合わせている、と確信したのだ。

## 毎日「人生の残り時間」をカウントダウンすることの効果

タイム・イズ・マネーとよく言われるが、時間はお金とは全く違う。お金は投資することができ、銀行に預け、利子を獲得することができるが、時間は今、この瞬間に消費しなければならない。何をしていても、死ぬまでこの事実は変わらない。

私は自分が死ぬという現実を意識することで、自分に残されている時間により真剣に向き合っている。毎日、死ぬまでの時間を意識するというのは、気が滅入りそうだと思うかもしれない。しかし、働く人の多くが毎日しているように、自分にどれくらいの時間が残されていて、どのように使うべきなのか、考えることは極めて重要である。

シンガポールの統計をみると、大体、男性の平均寿命は80歳くらい、女性は84歳くらいである。自分がおおよそ80歳まで生きると仮定し、逆算して人生の時間配分を考えるわけだ。自殺や事故に遭わない限り、80歳まで生きると仮定して、できる限りのことを達成するには、後悔をしないためには、どうするべきか。

私が80歳になるのは、2037年3月5日だ。私は、自分のスマートフォンにアプリをインストールし、2037年3月5日午後11時までどれくらい時間が残されているのか、カウントダウンを続けている。毎日、この「砂時計」を確認しているのだ。たとえば、「Xデイまであと6579日、自分に残された時間は900週間余りだ」ということが明確にわかる。

このように死と向き合った方が、死を恐れなくて済むと思うのだ。死に向き合ってみると、とんでもなく大きなモチベーションの源泉となることがわかるだろう。第1章で「タブー」について述べたが、自分の中で「死」がタブーなのであれば、それを打ちのめしてしまうべきなのだ。

お金ではなく時間こそが、何にも代えられない価値だということに納得してもらえただろうか。では、この貴重な時間と引き換えるに値する最高のものは、何か。それは、社会貢献、社会へのサービスである。

内容は何であっても良い。なぜサービス（貢献）が最高の価値を持つのか。世の中を見渡し、他人が苦しんでいる様子を目の当たりにしたのなら、その人を救うために貢献する、というのは常識的な考えではないか。

私がこうした考えに至ったのは、40歳の頃だった。

## 40歳という転機

40歳というのは、誰にとっても一つの節目であると思う。よく中年危機（mid-life crisis）というが、この時期に男性は「自分はまだ若い」ということを証明したいがために愛人を見つけたり、派手なスポーツカーを買ってみたり、委員会といったようなものに積極的に参加し始めて肩書を求めたり、と様々な選択をする人が出てくる。

私は40歳の頃、すでに4人の子供がおり、素晴らしい妻にも恵まれていた。そこで、引き続き稼ぐことを目的に働くべきか——そう自分に問いかけたのだが、どうも、しっくりこなかった。収入を得るために、自分は人生を、自分の貴重な「時間」を切り売りしなければならない。これは得な取引ではない、そう思ったのだ。

もちろん大富豪のビル・ゲイツやウォーレン・バフェットなどのように稼ぐことができれば、その後、社会に貢献し始めることもあるかもしれない（ゲイツもバフェットも多額の寄付を行っている）。しかし、社会に貢献するために、なにもゲイツやバフェット級の金銭的成功を収める必要はないのだ。ひるがえって、ゲイツやバフェットがなぜ、社会に貢献しようと考え始めたのかを推し量ると、それはおそらく、彼らが何か「大きな目的」を欲したからではないかと思うのだ。

人間は、この大きな自然に存在するエコシステムの一つの歯車にすぎない。森の中でいえば、森で暮らす多くの動植物の一本——いや、一匹——が人なのである。このエコシステムではギブアンドテイクが成立して、調和が保たれている。古代の社会では、このような環境が存在した。だがそこに征服者が現れ、土地の所有を宣言し、そこに領主とそれに仕える人民が生まれ、階級社会が生まれた、というわけだ。自分が育てた作物のいくらかを領主におさめなければならない、そういう不自然な環境が生まれたのだ。

## トイレのアイデアを受け入れてもらうまでの茨《いばら》の道

不況が終わり、不動産価格が回復してくると、私はビジネスを幾つか売却し、残る6つの家からの家賃収入と貯金を手に、「お手洗い協会（Restroom Association）」を始めた。起業家を卒業して始めたのが、トイレ美化プロジェクトだったのである。

自分はもうビジネスには戻らない。残りの人生は社会貢献に身を捧げる。そう思い立ったのは良かったが、自分のアイデアを周囲に受け入れてもらうのは簡単ではなかった。「お手洗い協会」を創設するにあたり、シンガポールの国立環境庁（National Environment Agency）のディレクターだったダニエル・ワン氏に、シンガポールの公共トイレをすべて、美しく清潔にしたい、と話をしに行った。1998年のことだ。すると彼は「素晴らしい志だが、それはなかなかうまく行かないだろう」と耳も貸してくれない。その理由として「私はこの仕事を25年続けていて、ずっと公共トイレの美化を推進しようと努力してきたが、シンガポール人はまるで野獣であり、彼らの行動は絶対に更生できない。あなたは時間を無駄にしている」と、こう言ったわけだ。

私よりも少し年上だったワン氏を、どのように説得するか、考えた。帰宅するやいなや私は紙と万年筆を取り出し、手書きの手紙を送ることにしたのだ。この年代の人間に誠意を見せるためには、これが一番だと考えたからだ。その手紙で私はこう述べた——「父親が、子供を見限るということがあるでしょうか。信じ続けるのが父親ではないでしょうか。トイレの父であったら、いかに人々がトイレをうまく使わなかったとしても、決してあきらめず、信じ続けてあげるべきです。そしてあなたは、我々は、この問題をきっと解決できるのです。私は政府の要人たちとの会合を設定しました。彼らを説得できるのはあなたです」と、こう書いて送ったのだった。

この手紙が効を奏して彼の説得に成功し、協力を得ることができたのである。シンガポール政府の要人らとのミーティングの終わりに、私もトイレについては素人ながら、発言をした。トイレの三原則「ＡＢＣ」を設定し、トイレの建築デザイン（Architecture）、人々の動線への配慮（Behavior）、そして清掃（Cleanliness）の重要性を主張した。日本のトイレを見よ、と。デザインだけではなく、清掃者も研修を積んでいる。そして何より、利用者は汚いトイレは汚く使うが、きれいなトイレはなるべく汚さないように使うのだ。同じ人間でも、トイレの状態一つで使い方は変わるのである。これを踏まえて、トイレの改善計画を各々が作ってくれ、そして予算配分を決める手伝いをしてくれ、と言って締めくくった。

その後はシンガポール中の学校など、様々な施設に行脚《あんぎゃ》し、トイレの語り部となった。学校の校長に対しては「あなたの生徒たちの成績は向上する余地がある。そのカギはトイレだ。もしも、トイレが臭くて汚くて、行きたくない場所だったら、生徒たちはなるべくトイレに行かないように我慢し続けるだろう。これは明らかに学習の妨げになる。生徒の成績が芳しくないと、学校、いや校長先生の名誉にもかかわるかもしれない」と、セールストークを繰り広げたのだ。トイレを美しくすると、生徒の行動も変わる、と訴えた。その他、労働組合、大学など、各々のハートに突き刺さるように営業トークを変化させながら、トイレの重要性を説いて回った。

少し余談になるが、その結果、日本トイレ協会メンテナンス研究会の坂本氏の多大な協力もあり、世界トイレ大学（ワールド・トイレ・カレッジ）がシンガポールに設立されたのだ。このカレッジは、あの当時行脚した先の労働組合などによって、今日運営されている。

## 「お手洗い協会設立」がなぜかトップニュースに

さて勢いにのった私は新聞社の扉を叩き、「お手洗い協会」を立ち上げると宣言した。良き公共トイレとは先出のトイレＡＢＣ三原則（建築・行動や態度・清掃）に支えられるものだ、と持論を展開したのである。すると驚くべきことに、これがシンガポール最大の英字新聞「Strait Times」と中国語新聞のトップニュースとなったのだ。すると、トップニュースになってから、世間から「そもそも誰かがもっと早くからこの問題に取り組むべきだった」という意見が噴出したのである。また、これまで封印されていた公共トイレに対する不満も多く出てきて、ボランティアをしたい、この活動を助けたい、という人々も多く出てきた。

私はこの頃、トイレ推進活動で生計を立てていなかったこともあり、午前は会社に行き、午後は「お手洗い協会」で「仕事」をすることにしていた。周囲の人間からは、不況後、会社を立て直さなければならない正念場という時に半日しか会社に行かないのはおかしい、と批判された。だが、私は何を言われても「へっちゃら」だった。なぜなら、この「お手洗い協会」の活動が、ボランティアとはいえ私の生活に目的意識を与えてくれていたのであり、この活動があったからこそ、普段の仕事を続けることができているということを理解していたからだ。その意味では、大げさでなく、私はトイレに救われたのである。

その後「お手洗い協会」から「世界トイレ機関（WTO）」に改名し、現在に至っている。これまで、たくさんの危機を経験してきた。たとえば、単なるワンマン経営の組織から、持続可能な組織への転換を図りたいと考えてプロの「経営陣」を雇った時のことだ。この「経営陣」は資金調達に手を貸すどころか、ガバナンスを維持するためにどんどんと人員を増やし、とうとう会社の有り金をすべて使い果たしてしまった。そして金がなくなると、彼らはこんな倒産企業とは関わりたくないと言って去って行ったのだ。

その中から、3人だけスタッフに残ってもらったのだが、この少ない人員でWTOに再びポジティブなキャッシュフローを生み出すことに成功した。

ご存じの通り、私には大きな資金はない。したがって、ほかの企業にパートナーとなってもらうことで、様々な目的を達成している。ＡＮＡ、カルティエ、レキットベンキーザー（イギリスの医薬品・日用品メーカー）、リクシル、Merinoといった企業や、Jagran Pehel、Global Citizens、ウォーターエイドといったＮＧＯ、ユニセフ、国連開発計画などを含む、様々な組織がパートナーとして手を貸してくれている。

最近では日本でもボランティア活動が盛んになったと耳にするが、ボランティア活動は、その従事者の多くが言うように精神的に大変充実感があるものだ。自分のわがままから解放され、より大きな目的意識を持って活動を行うことができるからである。

今の社会では、我々は常に個人主義で利己的であること、弱肉強食の世界における勝者として「サバイバル」モードで生きることを強いられている。かつ、このサバイバルゲームで勝ち上がった人間をもてはやしている。

ところが、冷静に考えると、このサバイバルモードは、現代社会でそこまで必要なものなのか。食べるだけなら、３９０円でラーメンを食べることができ、餓死することはなかなかないのが日本である。この社会で、「サバイバルモード」というのは、いつ必要なのか。

## 成功によって目的を見失うリスク——ニーチェの言葉に学べ

活動が軌道に乗り、これまでの功績をほめられ、賞を受賞する時などは、自分のことを抑制しなければならない——すなわち、用心すべき時だ。皆にちやほやされ、セレブ扱いされ、注目をされると、本当に人というのは恐ろしいもので、エゴに支配されるようになってくる。まるで、周囲で起こっているすべてのことが「自分のこと」「自分の功績」のように思えてしまうのだ。

よく思い出すのはニーチェの言葉「目的を忘れることは、愚かな人間にもっともありがちなことだ」である。

とはいえ、本人が舞い上がっているだけで終われば大した話ではない。エゴの恐ろしさは、最終的に大きな目標を達成するにあたり、時に「自分」（のエゴ）が最大の障壁となってしまうことだ。言うまでもないことだが、解決すべき課題よりもエゴが優先されるべきで

## 「目的を忘れることは、愚かな人間にもっともありがちなことだ」
――フリードリヒ・ニーチェ

はない。解決すべき社会課題が最大の比重、重要度を占めなければ、問題は解決されないからだ。多くの社会起業家はセレブの仲間入りを果たした後、この罠に陥っている。自分はすごい、自分は格好良い、自分はすごくあり続けなければならない――こう思うわけだ。ハリウッドのスターが成功の後に自殺したりするのは、こうした感情が要因ではないかと思う。

エゴというのは、生まれながらに我々に備わっているものであり、生きていく上で必要であり、完全に排除することはできない。ただ、制御されるべきものなのだ。私は『TIME』誌から2008年に「環境ヒーロー」として取り上げてもらい、エリザベス女王のポインツオブライツ賞（コモンウェルス［旧イギリス領］国のなかで大きな社会貢献をした個人に贈られる賞）や、ルクセンブルク平和賞などを受賞した。こういう賞を受賞するたびに、これらは自分の目的を応援するためにいただいているのだ、トイレというミッションを広く世の中の人に知ってもらうための賞なのだ、と自分に言い聞かせている。

自分はいつか死ぬ。人が亡くなった時、その人が有名だったかどうかなど、どうでもよいことだ。その人が人々の生活を向上させたか、その人の残した遺産（レガシー）が世のためになったか、こうしたことが後世に残るものだし、重要なことだ。ジャック・シムが誰だったかというよりも、トイレがどのように改善されたか――つまり、トイレの話が主役なのだ。

## 自分の感情を「テーブルにつけて」会議させる

このエゴの問題は極めて重要だ。人間というのは想像以上にエゴやプライドに支配されている生き物なのだ。

エゴを鎮めるというのは非常に難しいことである。一度自分に言い聞かせても、20分も経てば、あっという間に「エゴモンスター」になっている。私も2日おき、2週間おき、というふうに、自分に言い聞かせ続けていた。今ではそういうことは非常に少なくなったが、完全になくなるということはない。自分自身の話し相手になること、自分をコントロールすることができるようになること、自分に対してフレンドリーに接しながらも、自分の持つ様々な感情をコントロールすること。これらは学ぶべき重要なスキルである。

私自身がよく想像するのは、自分のすべての感情——優しさ、悲しさ、嫉妬、怒り、妬みなど——が一つのテーブルを囲んで集まり、会議をする光景である。恐怖や嫌悪、嫉妬などは悪い感情だ、という短絡的な見方ではなく、自然の一部として存在するすべての感情を見渡して「どのように利用すれば、より良い結果を生み出せるのか」と考えるのだ。自分がどのような人間なのかを学ぶことは、様々な問題解決の糸口を提供してくれる。

嫉妬そのものが悪い感情なのではない。たとえば村人が「村長の家にあるトイレがうらやましい」と思えば、それは結果的に素晴らしい感情ということもできる。ちゃんとしたトイレがないと、他の村人に馬鹿にされる。こうした恐怖心が、トイレを改善することに優先的にお金を使う結果を生む。この積み重ねによって、大きな結果を生み出すことができるのだ。プラダやロレックスもそのようにして物を販売しているのであり、感情というのは良いとか悪いとかではなく、非常に利用価値の高いものなのだということを、今一度、念を押して伝えたい。したがって、こうした感情をうまく利用することができれば、社会を大きく変えることは可能なのだ。

ファッション業界では人々のこうした感情を読み取り、先回りすることが当たり前だといっていい。人々の誇りや尊厳といった感情を満たすために、たとえば黒いTシャツをどのようにデザインするべきか、そんなことを昼夜考えている。社会貢献の分野においても、実はこの考え方は極めて重要なことなのだが、多くの人は気づいていない。

社会貢献という分野、業界には、起業家精神が欠けているといってもいい。社会貢献は、元来携わっている人たちが「善人である」「慈悲の心がある」とか、そうしたことで片付けられてきた経緯がある。ところが実は「慈悲の心」は、助けられている人からすれば見下されている、という意味にもなる。建設的ではない。さらに「慈善事業はビジネスであるべきではない」という先入観も、社会の改善に歯止めをかけているといえる。この分野では、人々の感情を建設的に活用することが、大きな結果を生み出すと、私は考えている。

# Chapter 5

# 国連で「世界トイレの日」が制定されるまで

〝人々を団結させるものとは？　軍か、金か、旗か？　それは『物語』だ。この世で良い物語以上に、強力なものはない」。人と人を繋ぐのは「ストーリー（物語）」なのだ。物語が人々を繋ぐ。物語が共感を生み、物語を通してこそ、人々は世界中の人々にトイレが行きわたるべきだと感じられるからだ〟

——ジャック・シム

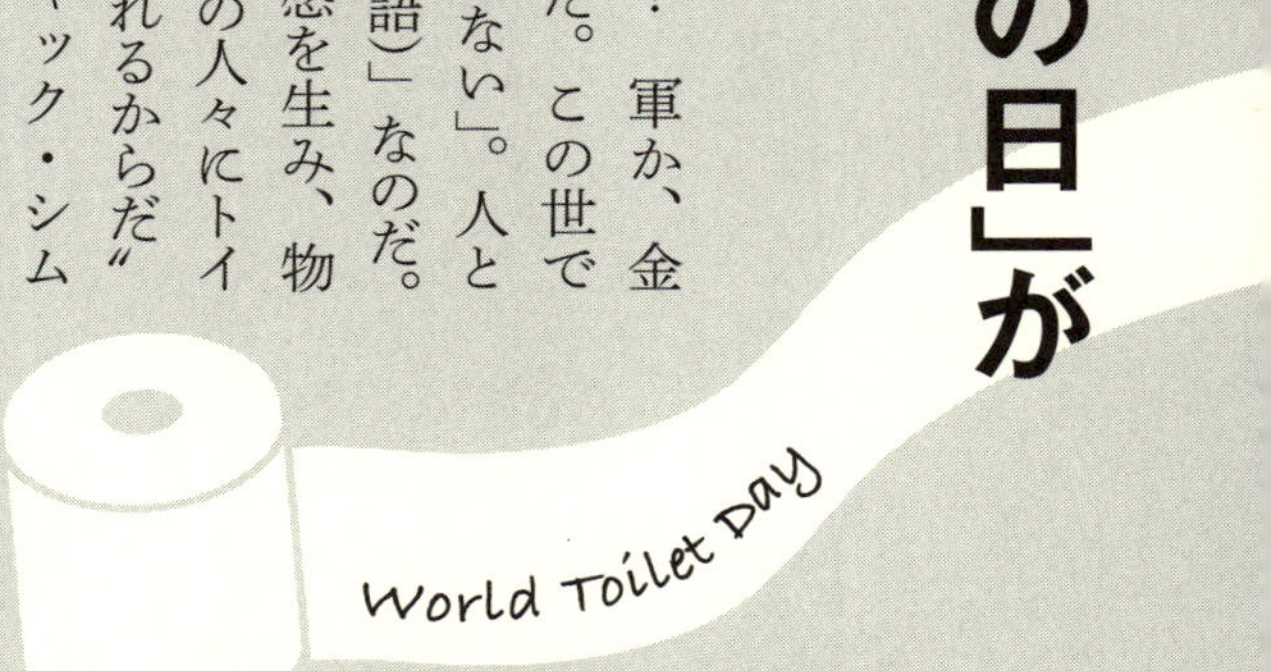

A SANITIZED PRODUCTION
LOO
ROYAL FLUSH
COMING TO A TOILET NEAR YOU
19 NOVEMBER
UN WORLD TOILET DAY
STARRING: "THE TOILETMAN" JACK SIM CO-STARRING 7 BILLION FREQUENT USERS
TWITTER: @WORLDTOILETDAY WWW.WORLDTOILET.ORG WWW.WORLDTOILETDAY.ORG

## 「世界トイレ機関」乗っ取り事件

本章では国連で「世界トイレの日」が制定されるに至った道のりについてお話ししたい。その前にまず、WTOの主要な活動の一つである「ワールド・トイレ・サミット」がどのように始まったのか、というところから始めよう。

当時、世界には15のトイレに関する組織が存在した。日本には、一般社団法人日本トイレ協会（https://j-toilet.com/）が存在する。当協会が、1999年に北九州でトイレ協会の集会を開催したので、私はそこへ参加したのだった。

しかし、WTO（世界トイレ機関）の本部を日本に置くかという話になった時に、日本の人たちは「英語ができないので」と辞退してしまった。シムさんがシンガポールでやってください、我々もそこへ参加します、といったわけだ。それでシンガポールに本部が構えられることになったのだが、さもなくば、本部は日本になるはずだった。

ところがいざ、WTOという名前を公表するとなると、日本や韓国はWTOの本家（世界貿易機関）から批判の声が上がるのではないかと及び腰になり、発起人ではなく、あくまでも「参加」という形を取りたいと言ってきたのだ。

第1回目のサミットはシンガポールで開催された。韓国では2002年のワールドカップを前に、公共トイレを向上しようとの動きが活発になっていたので、韓国のクリーン協会（Korea Clean Association）の理事だった、とある市長が第2回目を主催したいと手をあげて、私も同意した。

さて、韓国で主催という時に、招待状が私のところへも送られてきた。すると、奇妙なことに「第1回World Toilet Association」と書いてあったので、おや？と思った。これは、Associationではなく、Organizationと書かれているべきだったからだ。すぐに韓国側に「名前が間違っている」と連絡をとると、韓国側のスタッフは「彼は市長なのだから、彼と闘うのは難しい。あなた方は小さなNGOで、資金もないのだから」と言い始めた。早くも、世界トイレ機関の構想が乗っ取られそうになったのだ。

私は考え、彼にこう回答した。「シンガポールの韓国大使の方に、手紙を書いて、今の状況について報告させていただきます。これは外交問題になるかもしれません」と。それを聞いた向こうは態度を変え、東京で会うことになった。こうして最終的に、ＷＴＯという名前が継続されることになったのだ。

この経験から私は何を学んだか。社会的な課題に取り組む、という組織であっても、あっという間に政治が絡んでくるのだということである。

翌年はＳＡＲＳの流行からインドが主催を辞退し、台北での開催となった。２００４年になると、サミットはさらに成長し、北京では４０００もの公共トイレが改修された。北京では、北京観光局がトイレの美化について宣伝をしても、誰も信じてくれないのではないかと懸念し、自分たちの口からではなく、ＷＴＯから北京での取り組みについて話をしてほしいと言ってきた。

「天安門ワールド・トイレ・サミット」では、デジタルスクリーンなどを多用したハイテク公共トイレがお披露目され、今後、すべての公共トイレが最新鋭のものになるとぶち上げ、大きな反響を呼んだ。このメッセージは、何よりも強烈な宣伝効果を生んだのである。

北京観光局長である ユー・シャンジャン氏は、「いまだかつてないほど反響を呼んだこのキャンペーンは、下手な広告を打つよりも安上がりであっただけではなく、実際たった50万ドルで、何百万ドル分の宣伝効果があった」と興奮気味に話していたことを鮮明に記憶している。この功績が認められ、彼は定年を3年過ぎても局長の座にとどまることができた、ということも付け足しておこう。今振り返ると、この時点ではまだ、WTO自身、自分たちの持つ潜在的なパワーに気づいていなかったと思う。

2005年、北アイルランドの首都ベルファストでのサミットは、ちょうどIRA（対英テロ戦争を行ってきたアイルランドの武装組織）の問題が解決したタイミングだった。正常化したベルファストで初めて国際会議の開催が可能となり、WTOが第1号としてサミットを開催した。こうした政治的背景もあって、非常にドラマチックな体験となった。開催地はベルファストの国会だ。15万ポンドの予算でサミットが開かれ、欧州における衛生とトイレの問題について目を向けることができた。

バンコクでサミットが開催された年は、タイ政府が全面的に支援をしてくれた。しかし、イベント直前に、タクシン大統領がクーデターでいなくなってしまうという、大事件がおこった。登壇が確定していた大統領がいなくなり、あわやイベントもキャンセルになるのかとパニックになったが、幸い、大臣がイベントに登場し、舞台上のトイレにまで座ってくれた。

## ふたたびの邪魔が入る

2006年のモスクワでは、国会議事堂にてサミットが開催された。ここでも実はひと悶着あった。非常にハイレベルな閣僚級のサミットとなるということが見えてきた途端、前出の韓国の市長（その頃には議員になっていたと記憶している）が、サミットで20分のビデオ・メッセージを流すと宣言した。その内容に、そこに集まった人々がみな驚いてのけぞってしまったのである。

なぜなら、ビデオ・メッセージは、当サミットを「General Assembly of the World Toilet Association」と勝手に名前を変え、「このサミットは私が創始者となって発足させた」という筋書きになっていたからである。この筋書きにしたからこそ、「韓国ブランディング局」から350万ドル（約3億7000万円）の予算を引っ張ってきたのだ、ジャックには資金がないのだから、と言うのだ。また韓国は他のメンバーに対し「我々についてくれば、トイレ・サミットへの参加は今後、世界のどこで開催されようが、ビジネスクラスの飛行機代も出るし、5つ星ホテルにも泊まれる。サミットの後には数日の旅行まで楽しめる」とリクルーティング営業をしてまわったのである。韓国側になびいたのはナイジェリアと南アフリカの2カ国である。残りのメンバーは、彼のこうした無礼な闖入《ちんにゅう》にうんざりし、そちらにはつかなかった。

私のところへは後日、その2カ国から連絡があり「ジャック、すまなかった。でもビジネスクラスにも乗ったことがなかったし、韓国のオファーは魅力的だった」と言われ、彼らは「お土産」に釣られて韓国の味方をしたことがわかった。いずれにせよ、こうした身勝手な行動には非常に驚いた。その後、本人は、英語でコミュニケーションに行き違いがあったとか何とか言い訳をしていたという。

とにかく、その翌年、彼は全世界の韓国大使館の力を総動員して、彼が主催するトイレ・サミットに参加し支援するよう、促した。私としては、韓国が金に物を言わせ、このプロジェクトを乗っ取ってしまった、という敗北感を感じざるを得なかった。

もちろん最初は憤りも感じていた。しかし、その次の瞬間、彼らの乗っ取り行為はともかくも、彼らが世界に向けてトイレ問題について語ってくれているということは決して悪いことではない、とも思ったのだった。そこで、この人たちと戦うことはやめようと思った。彼らと戦うということは、こちらが口を開く都度、彼らの宣伝をしてしまうことにもなる。良いことに使うべきエネルギーを、悪い方に使うべきではない――その思いから、黙り続けたのである。

彼らの予算の350万ドルが底を突くと、次第に彼らの活動は静かになっていったのだった。ちなみにこの韓国の元市長は、その後前立腺癌で亡くなったらしい。

## 人々を繋ぐ旗印は「ストーリー」

社会貢献活動においても、政治が入り込んでくる――この例を通して伝えたかったメッセージである。ただ社会貢献活動においては、やはり、どんなことがあっても、主となるミッションが最重要であることも忘れてはならない、というのがもう一つのメッセージだ。このようなことが起こった場合のアドバイスは、政治的問題が起こっても、あまり深入りしない、ということだ。

ワールド・トイレ・サミット２００７は巨大なイベントになった。以前、主催を取りやめたインドが、罪滅ぼしとばかりに、全力投球してくれたのだ。インド最大のトイレ協会であるSulabh International は、国の大統領に開会を任せ、また、オランダの皇太子までもが参加をし、我々は大喜びだった。国連の水と公衆衛生の責任者だったウィリアム・アレクサンドラ氏も参加してくれた。ＷＴＯにとっては、組織がより大きなものに成長する一つのマイルストーン的イベントだったと言える。それはまた、トイレの政治的立ち位置を確立するものだった。

この頃から、各地で多くの政治家が「トイレは票をもたらすテーマだ」ということに気付き始めたのだった。トイレは、具体的でわかりやすく、かつ政治家の公約としても約束しやすく、達成しやすい。「いくつ作るぞ」と宣言して実際に作ることが可能であり、公約として掲げやすいのだ。そんな中で多くの政治家が、我先にと、この領域に入ってきた。

しかし、なかなか簡単ではない。たとえば３２００万個のトイレを作ると豪語していた、とあるインドの政治家の周辺では、予算だけが消え、トイレはいっこうにできなかった。トイレ予算が着服されていたのである。建材だけ届けられて建設されていないなどケースは様々だったが、結局トイレ問題は一向に改善されず、増えることもなかった。わかりやすいトピックであっても、一筋縄にはいくとは限らない。

2019年のワールド・トイレ・サミットはブラジルのサンパウロ市で行われる予定だ。こうして考えると、トイレ普及の「語り部」になってからの私にとって、毎日が奇跡の連続である。そもそもブラジルに知り合いが一人もいない、という出発点に立っていたところから、ブラジルのGLOBO TVに出演し、そこからワールド・トイレ・サミットをサンパウロで開催することにトントン拍子に進んでいったのだ。

私はトイレの「語り部」である。世界的人気のドラマシリーズ「ゲーム・オブ・スローンズ」のシーズン8で、こんなセリフが出てくる。「人々を団結させるものとは？　軍か、金《きん》か、旗か？　それは『物語』だ。この世で良い物語以上に、強力なものはない」。人と人を繋ぐのは「ストーリー（物語）」なのだ。物語が人々を繋ぐ。物語が共感を生み、物語を通してこそ、人々は世界中の人々にトイレが行きわたるべきだと感じられるからだ。

## 世界トイレの日が国連の全会一致で承認されるまで

２０１３年7月、国連で「世界トイレの日」が制定された。私はその瞬間をテレビの前で瞬きもせずに見ていた。

「それでは、次の議案に移ります」。来るぞ来るぞ、と思っていると「議決案××番、美しい水を世界の人々に。ワールド・トイレ・デー」と議案が読み上げられ、「異議ありますか」との問いが出たか出ないかの瞬間に「通過！」と議決が下された。

あっけないほど早いものだった。すべてが2分足らずで終わったと記憶している。

国連ではたったの2分だったかもしれないが、ここまでの道のりは長いものだった。私はシンガポール政府に、再三にわたり、11月19日（WTOの設立日）を、ワールド・トイレ・デー（世界トイレの日）に制定すべきだと訴えてきていた。

国連に制定される遥か前、２００１年からずっと、私は勝手に「11月19日、世界トイレの日にすべき10のこと」のようなキャンペーンをやっていた。トイレットペーパーを寄付しよう、トイレを寄付しよう、など、一方的にアナウンスをしていただけだったが、次第にこれに賛同して、トイレの日だからトイレを掃除しよう、トイレの日に美しいトイレの写真を共有しよう、といった具合に、世界中の様々な人がアイデアを出して実行に移す状況が生まれていた。

一般市民だけではなく、トイレの日にナイジェリアの大統領が公衆衛生の重要性を説いたり、ユニセフやウォーターエイドが、学術論文を用いてトイレの日を普及させる活動を起こしたりした。またインドのバンガロールでは、トイレの日に、トイレの改善を求める市民がデモ行進を行い、ペルーやリマでは、金持ちの家のトイレを中古トイレとして販売し始めるケースまで出てきた。中古のトイレというのは、聞いたことがなかったが、やはりオープン・ソースという形式で物事に取り組むと、様々なアイデアが生まれるのだと実感した。

私は、このようなモメンタムが生まれている中で、シンガポールの外務省にアプローチをしたのだった。WTOはシンガポールで始まった。これを国連で通す努力をすべきだ、と話した。最初はそもそも、誰も会ってすらくれなかった。国連まで出かけて行って、先進国であるシンガポールとして、トイレの話など（恥ずかしくて）できないというのだ。

## 大使館の協力を取りつける

外務省はＷＴＯのことを全く知らない。これでは前に進まないだろうと考え、２０１１年に海南省にて開催されたワールド・トイレ・サミットを活用しようと考えた。ちょうどその年、シンガポールで人気のあった外務大臣が選挙で敗れたのを知り、さっそく、彼をサミットに招いたのだ。その時になって初めて我々の組織やイベントの規模の大きさを目の当たりにして驚いていた彼に「外務省は私の話を聞こうともしてくれない」という話をすると、その場で外務省に電話をし「国連に世界トイレの日の制定を働きかけるように」と、外務省のバニユ・メノン氏に話をつけてくれたのである。「ジャック・シムという男に会え、30分でも良いから。聞くに値する話だ」と言ってくれたのだ。

彼は1時間半ものミーティングに応じてくれ、最後には「なぜもっと早くこれらの活動について教えてくれなかったんだ？」と、こう言ったのだ。私はこのメノン氏とニューヨークまで飛び、国連へ乗り込むことになった。さて、そこでNYにいた当時の駐米シンガポール大使に会ったのだが、それは残念なミーティングに終わった。

というのも、彼はすでに昇進と異動が決まっており、いまさら面倒なこと、あるいは新しいことをやりたくない、とかなり後ろ向きだったのだ。シンガポールからニューヨークまで来て、あと一歩、と思っていた私の考えは甘かったのだ。

メノン氏と私はすっかり落胆し、希望を失っていたところ、その晩急遽、その駐米大使が主催するフォーラム（太平洋の88カ国が参加するフォーラム）にて、私が「なぜ世界トイレの日を制定したいのか」という話をすることになった。話し終わると、そこに集まっていた大使らが皆、賛同してくれた。私は駐米大使の顔を見た。すると彼も「よし、やってみよう。大変な仕事になるが、やってみようじゃないか」と言ってくれたのだ。

そうして、そこからの10カ月間、シンガポール大使館は、国連の決議に上げるために必要な最低数の署名（１００件）を集める努力をした。昼食会、ディナー、カクテルパーティ、コーヒーパーティ、レセプション……と、署名を集めるためにありとあらゆることをした。

とはいえ、全員が簡単に賛同してくれるわけではなかった。インドは、我々が推す「11月19日」はインディラ・ガンジー（インドの元首相）の誕生日なので「トイレの日」にはできないと署名を断り、ロシアは名前を嫌い「世界トイレの日ではなく『世界保健衛生の日』なら署名してもよい」と言ってきた。ただ、いまさら名前を変えるのは得ではない、と私は訴えた。既に「世界トイレの日」は３００万人以上に認知されていたからだ。

必死の私は、「署名をもらえないなら、ロシアの大使は衛生問題が重要ではないと考えているとメディアで話す」とまで言い出した。すると、30秒くらいして「わかった、署名する」と言ってくれたのだ。

モナコ公国は、11月19日が建国記念日であるため難色を示したが、「アルベール２世（モナコ大公）は水や公衆衛生の問題に取り組んでいることで有名だ。彼はこの試みに喜んで協力するだろう」と説得し、賛同を得た。結果的に１２２カ国の署名を集め、国連会議では１９３カ国の全会一致で制定されることとなった。

## 世界トイレの日制定の意外な裏側

これは後で知ったことだが、シンガポール外務省の事務次官は、世界トイレの日に賛同していたから協力したわけではなかった。これは私にとっては想定外の事実だった。事務次官は「国連に世界トイレの日制定の申請をする」という作業は、各国にいるシンガポール大使らに国際的なネゴシエーション（交渉術）を身に着けさせる最高の機会だと捉えていたのだ。国際社会に出て行って、他国を説得し、自分たちの実力を試してみろ、といって後押ししていたらしい。193カ国中、122カ国から署名を獲得したわけだが、私は図らずもシンガポール大使たちの「研修プログラム」を提供していたということになる。

ちなみに、これまでシンガポールから発動された国連決議は3件しかなく、一つは海洋規制、もう一つが世界トイレの日。そして三つ目がシンガポール・コンベンションである。一連のプロセスで学習したのは「同じ目標に向かって突き進む時でも、異なった立場の人は異なった優先順位を持っている。だが、そのことが必ずしもマイナスにはならない」ということである。

時代の流れや流行は移り変わりが早い。少し前であれば、国際的大企業が「トイレ」という言葉と自社のブランドを関連付けるようなことはあり得ない行為だと考えられていた。しかし、トイレに関していえば、国連の「世界トイレの日」が制定される時期と前後してカルティエやグッチ等のハイブランドがＷＴＯに歩み寄ってきてくれ、世界トイレの日が制定されると、さらにこうした動きが加速したのである。

ＳＤＧｓ（国連サミットで採択された持続可能な開発目標）への関心の高まりなども相まって、「トイレ」というテーマに関連付けられることが社会的に「好ましくない」という認識が覆ったのだ。トイレについて公の場で語ることが――かつてでは考えられないほど――受け入れられるようになった。いまだに難題は残されているが、ビル・ゲイツ、マット・デイモンやコールドプレイ、Ｊａｙ－Ｚやボリウッド俳優ら、一連のセレブリティたちも巻き込むことができるようになったのは一つの成果と呼べる。

# Chapter 6

# 水に流してはいけない話

## 社会課題をどう解決するか

〝最初の一歩を踏み出すのは勇気がいるものだ。また、どれほど素晴らしい課題を見つけ、その課題に対して情熱を感じたとしても、それをたった一人で成し遂げることは不可能だ。そこには他者を巻き込んでいく力が必須である〟

――ジャック・シム

カナダ・トロントで開催されたhotDocs国際映画祭にて

## 社会起業家が必要とされる理由──「募金」は解決策ではない

ルワンダはアフリカにおける「海のないシンガポール」である。虐殺の歴史など、暗い過去もあるが、アフリカでは最も裕福な国の一つだ。その理由は、募金よりも投資を好んで受け入れるからである。

シンガポールでもかつて、政治家リー・クアンユー（シンガポールの首相）に対して、多くの外国人が募金やチャリティを出したいと言ってきたのだが、彼はそれを突っぱねた。募金ではなく、投資をしてください、と。そうでなければ、国民があなた方に頼らざるを得なくなってしまうから、と。

チャリティで「もらえる」お金、これに対抗するビジネスや社会を作り上げるのは、非常に難しい。仕事も真面目にしなくなってしまう。持続可能な、あるいは成功するビジネスは、顧客の需要や満足度によって支えられ、そうした需要から起業家が生まれ、さらに仕事や就職先が生まれる。しかし、そこに何もせずに配られるお金（あるいは無料の商品）が先だってしまえば、市場の原理やダイナミクスが殺されてしまうのである。これが募金より投資が優先されるべき最大の理由なのだ。

募金は、動物を動物園に入れて食事を与えるような行為に他ならない。我々が必要としているのは森で生き抜く力のある動物であり、動物園で生きるための動物ではないのだ。

また、NGOの最大の問題は本当のクライアント（支援の対象者）に向き合っていない点である。NGOが気にしているのは、募金者や資金源の方だ。Building Resources Across Communities（BRAC：バングラデシュに拠点を置く国際開発機構）のような素晴らしい団体も時折現れるが、これはほぼ例外的といっていいほど稀である。

1500億ドル（約1兆6000億円）もの募金が人道的支援に集められているにもかかわらず、45億人が貧困に苦しんでいる。これはなぜなのだろう。まず言えるのは、これだけのお金があり、これだけの人間が寄ってたかって社会問題に関わっているというのに、全く問題解決に近づけていないということは「チャリティーモデル」が効果的でない上に、持続可能ではない証だということだ。暴力的な言い方をすれば、お金を届けて、それで終わり、ということなのだ。

一方で、貧困の人々にビジネスを提供すれば、そのビジネスを自分たちで運営しながら持続可能な社会を作っていくことができる上、彼ら自身も税金を支払って社会福祉を得ることができる。自活できるようになるのだ。

## NGOの多くは支援者より募金提供者を見ている

NGOは、問題を解決するよりも募金をくれた資金提供者を満足させることに一生懸命である場合が非常に多い。そこが問題なのだ。彼らの募金がどのようなインパクトをもたらしたか。こうした確認が満足に行われていない。

また、いくつかのNGOが共に何か社会福祉に貢献をしたという公表をする場合。様々な団体が一つの活動について公表するので、あたかも何十個もそのような活動があるように見えるのだが、実際は一つの活動に参加した多くの団体が別々にプレスリリースを出しているだけ、ということも多々ある。その上、こうした発表の中にたとえば「この募金により、2千万人が石鹼で手を洗った」といったコメントがあったりするが、これはどういう意味なのか、はっきりと書かれていない場合がほとんどだ。それは2千万人に1週間分の石鹸が渡された、それだけの話なのか。はなはだ疑問に思うことは多い。トイレを10個作ったと21の団体が一斉に発表したとしよう。それは210個のトイレが作られたということを意味するのか。そうではない場合が多い。

これではまるで、アメリカで2001年に起きたエンロン社の巨額粉飾決算と同じである。NGOの活動は、監査が入るわけでもなく、「生活の質の向上」という目標に対して、それが具体的に何を意味するのか、といった定義付けも行われていない。それが実状なのだ。これは募金をしてくれた人たちを満足させるためのリリースに過ぎず、実際に苦しんでいる人々は蚊帳《かや》の外である。

とはいえチャリティにも重要な役割はある。ビジネスを後押しし、スタートさせる力は大きい。貧困に苦しむ人に投資をしたいと思う人がおり、そこにチャリティも入り、その投資家とともに、民間の銀行やアジア開発銀行からのローンを肩代わりする、といったことは非常に有用な活動だ。社会起業家は、単独で孤独な活動を続けるよりは、互いに協力してより早く問題を解決するべきなのだ。

大手コンサルティング会社、マッキンゼーのコンサルタントは、社会問題の現状について、500ページのレポートを書いて250万ドル（約2億7000万円）も請求してきたりする。こうした調査レポートを書いても何も起こらないのは、なぜなのか。このレポートはなぜ必要かということを、彼らはこう説明する。まず問題を正しく評価しなければいけない。ガバナンスがどうなっているのかきちんと理解しなければいけない……。しかし、このレポートが書かれたことで、社会的なインパクトは生まれていない。これではまるで、手術の工程は正しかったけれども患者は死んでしまいました、と言うのと同じである。なぜそんなことをわざわざするのかといえば、責任を取りたくないから、と言わざるを得ない。われわれは社会にもたらされたインパクトで物事や評価を計測するべきなのである。「レポートをきちんと書きました」というインプットを計測するだけでは意味がない。

## 社会起業家　はじめの一歩

あなたが「社会課題に貢献したい」と考えている場合、まず「まだ充分に関心を向けられていない社会的課題を見つけることが大切だ」と伝えたい。無視・軽視されていたり、広く認知されていなかったりする事象であればあるほど、貢献の甲斐がある。

社会課題もすべてが社会から注目されているわけではないのだ。お互いに、人々の関心のパイを奪い合うために熾烈な競争にさらされている。この中でも王者級のステータスを確立しているのが、たとえば水、地球環境、がんの問題であり、これらの課題といきなり肩を並べるのは非常にハードルが高い。こうしたヘビー級の社会課題には資金も注目も関心も集まっているからだ。

無視・軽視されているトピックという観点では、「糞」ほど注目されないテーマやトピックはない。あえて、無視されている社会課題に注目することの利点は、アップサイド（上昇可能性）を狙える確率が高いことと、自分が起こす行動が何らかのインパクトを生みやすいと考えられることだ。それに、本当に助けを必要としているのは文字通り「糞」のように無視されている課題であり、人々なのだ。

最初の一歩を踏み出すのは勇気がいるものだ。また、どれほど素晴らしい課題を見つけ、その課題に対して情熱を感じたとしても、それをたった一人で成し遂げることは不可能だ。

そこには他者を巻き込んでいく力が必須である。

## 「巻き込み力」のつけかた

「相互搾取は協力である」――この言葉はすばらしい。搾取というと悪いイメージを持つ人もいるかもしれないが、なぜ、私がこの言葉を好きになったかを説明したい。それは幼い頃読んだ『トム・ソーヤーの物語』の影響が非常に大きかった。

ポニーおばさんが、トムがいたずらをしたおしおきに、日曜日に働かせようとする。壁のペンキ塗りだ。壁など塗りたくなかったトムは、塗っているふりをしながら口笛を吹いたりして敢えて「ペンキ塗りほど楽しい作業はない」といったように振舞う。すると、じょじょに友達が集まってきて、僕にもやらせて、と言ってくるのだ。するとトムは、いいけど、ただではやらせてあげないよ、と言う。すると、子供たちは昆虫とか、壊れた鍵とか、銘々が自分のお宝を献上品として持ってくるのだ。彼らはまた、他の友達にも「何か持っていけば壁を塗らせてもらえる」という話をし、結局、トムが塗らなければならなかった壁はなんと

3重のペンキで塗られるのだ。さらなるオチは、ポニーおばさんが、トムが全部自分で壁を塗ったのだと感心し、トムは夕飯にありつくことができた、というものだ。

日常にも、このような機会はじつはたくさん転がっている。それを見つけるためには、周囲を観察しなければならない。たとえば「こんな暑い日に芝生を刈るのはまっぴらだ」と父親が言っていたとする。しかし、そう言いながら、大喜びでゴルフに出かけて行く可能性もある。同じ日照りの中、芝の上に立って自ら進んで、ひたすらクラブを振り回す。もしかすると、クラブが（スウィングの結果として）ほんの少し芝生を刈っているかもしれない。たとえば、こうした小さなことに気づくことが、何かの突破口になることもあるのだ。

わからないことがたくさんある中で、どのように人々に協力を求めていけばよいのか。私が見つけた「法則」は以下の通りだ。

1. 知っている人に聞く。
2. 将棋のように、すべての可能性について深く考察を重ねること。
3. 未来の到達点をイメージし、そこの時点から現時点まで逆算して考えてみる。

4. 全世界が協力して同じ目的に向かって歩むところを想像する。
5. 自分の信念、目的について、他の人々に賛同してもらい、その人々に活動の能動的な代弁者、代表者となってもらう。信念や活動を独り占めするのではなく、共有することが大切。
6. どこから始めるべきか。それは、「今」、思い立った時である。
7. スタートを切って初めて、知らなかったことが判明する。その上で、これら1~7を「癖」になるほど繰り返す。
8. 自分のやっていることを恐れず直視・客観視する。
9. 今日、成功を思い描くことができなくとも、いつか目標が達成されるということを強く信じること。
10. 常識的な考え、ビジネス的な思考によって社会課題を解決すること。募金・チャリティに頼った考え方は避けること。

私はまた、様々な課題をシンプルにすることを意識的に行っている。たとえば、トイレ問

「相互に搾取し合うことを協力関係と呼ぶ」
**Mutual exploitation is collaboration.**
——ジャック・シム

題に比べると、世界の貧困問題というのははるかに複雑な問題である。こうした場合には、大きな課題をそれごと捉えようとするのではなく、一部分ずつ理解できるサイズに切って解決していくことが大事だ。課題を切り刻むのである。

## 短期的な投資視点が、社会起業家をダメにする

私はシンガポールのリー・クアンユー政策大学院に行った際に、投資分析について学んだ。ここで私が違和感を抱いたのは、投資を考える際に、単にトイレだけに注目をして、トイレが利益を生まないのであれば、トイレに投資はしない、といった考え方だった。

より大きなエコシステム全体を見て、トイレの投資がどのようなリターンを生み出すのか中長期的にも考えてみることが必要なのではないか。そしてまた、社会起業家の多くにみられるのが、この政

策大学院的な――すなわち、短期的な――投資視点なのだ。

ＲＯＩ（投資対効果）を考えるにあたっては、３６０度評価をすること、視野を広げることが重要だ。その一番の理由は、大きな社会的背景やより広い文脈を理解することで、自分の関わるプロジェクトは個々人（個別の社会起業家）の勝ち負けなどではなく、個人は大きな文脈の中において、全体が良い方向に進むような潤滑油であるべきだ、と認識できるようになるからだ。

私がこのように考えるようになったのは、母親の影響が強いと言えるのかもしれない。母親は家族全員のために、家庭が円滑に回るように働く。ただ、母親は自分が何をした、これをした、自分のおかげだ、と言って回ることはしない。また母親は、子供が成功することに対して妥協なきビジョンを持っている。自分の子供のためであれば死ぬ覚悟もあるかもしれない。子供を見放したり諦めたりしないのだ。ビジネスプランがどうだ、とかそういう問題ではないのである。

社会起業家の目的というのは、これに似ている。社会起業家のミッションは、その人物の人生そのものになる――それほどの大きな目的となるのだ。本来であれば億万長者という言葉は「いくら稼いだか」ではなく、「何億人の人を救うことができたか」という意味であってしかるべきだ。

これにのっとると、ノーベル平和賞を受賞したマララ氏は億万長者だが、たとえばトランプ大統領は億万長者ではない。マララ氏は学生だが、彼女の経験が世界中の女の子の教育意識や学習意欲に影響を与えたのである。ところが我々がセレブ扱いするのは、システムからお金を巻き上げ、貧困を作り出している人々なのだ。

## 課題を解決する過程をゲーム化せよ

社会に貢献することは難しいと思う——という声を時折耳にする。社会起業家として成功することも「難しい」という。しかし、何かをやるかやらないかという時に、「難しいか、簡単か」という尺度で物事を捉えるべきではない。「成功できるか、できないか」という切り口も妥当ではない。

何かを行うにあたって、「さて、我々は成功できるか、失敗するか」と考えて物事に取り組んだ場合、成功の確率も失敗の確率も50％、といったところだ。「課題を解決するのが難しいか、簡単か」で考えると、同じように50％の確率で失敗するだろう。だが、何かを始める際、最初に問うべきは「できるかできないか」「難しいか簡単か」ではなく「この問題を解決することが必要なのか、不要なのか」という問いなのだ。「貧困のない世の中を作ることは必要か、不要か」――といった具合だ。

物事を失敗・成功で考えるべきではないもう一つの理由は、その挑戦を放棄してしまわない限り「失敗」は存在し得ないからだ。禍《わざわい》転じて福となす、と言うが、その通りだ。最初の結婚に失敗したからこそ、今の妻のありがたみがわかる。あるいは前職の上司とうまくいかなかったおかげで、起業した。最高の上司に恵まれていたら、今でもそこで働いていたかもしれない。またさらに、私は不況があったおかげで社会起業家になり、自分の人生の目的を見つけることができた。成功や失敗という言葉に捉われるのは意味がないだけでなく、損なのだ。

また、この取り組みは必要か不要か、という以外に問うべき質問は、この課題に取り組むことは「つまらないのか、楽しいのか」という質問だ。つまらなければ、多くの人は参戦しないだろう。一方で楽しければ、より多くの人が参加したがってもおかしくない。であれば、課題を解決したい時に、その過程を「ゲーム化」することは、とても効果的であり、重要だ。ゲーム――これはすなわち、人が潜在的に持っている様々な感情（喜び、嫉妬、悲しみ、虚栄心など）とその特性を活用することを意味する。そこへ、ユーモアも動員するのだ。

最近のスマホゲームも、見事にこうした人々の感情を活用している。たとえば、1分間に最高で22回、コインやポイントなどが獲得できるようになっているゲームでは、2秒おくごとに何か報酬がもらえる、という計算ができる。報酬がもらえる1秒と、もらえない2秒、このバランスが絶妙なわけだ。勝つことが簡単すぎたり、勝つことしかできなかったりするゲームであれば、それはゲームではない。すなわち、面白くないのである。

したがって「○×の課題に取り組むのは難しそう」といった漠然とした印象をもってして「できない」ということにはならない。なぜなら人は、多少の障壁や困難が伴うほど、やる気を出す、という面も持っているからだ。

難しく、想像力を膨らませる必要があり、勇気が必要とされる課題に、多くの人はやりがいを感じる。世界40億人のために貧困を撲滅する、25億個のトイレを建設する、こういう

「ゲーム」の方が、トイレを200個作るというよりもやりがいを感じる可能性がある。そのやり方も、資金集めではなく――資金集めというのは極めて面白くない作業だ――多くの人にモチベーションを持ってもらい、自分たちで課題に取り組んでもらえるようにする。この方が面白い。

## 「自分はどうでもいい存在だ」とわかれば、大きなことを達成できる

貧困問題、水問題、といった大きな社会課題について、実は個々の細分化された課題については解決方法が既に見つかっている場合が多い。ところが、問題は、それらのソリューションが一つずつ独立していて、お互いに何の繋がりも持っていないという点にある。

例えば飲み水の課題、井戸の課題、衛生の課題、水の濾過《ろか》の課題……など、様々な社会起業家がすでに問題を解決しているが、大きなエコシステムとして、それぞれ個別の解決方法が繋がっていない。太陽光エネルギーを考えるにしても、同時に電池技術、携帯電話やWi-fi、金融（ローンの仕組み）など、様々なことが複雑に絡み合ってくる。

課題が独立して単独で存在しているということは稀なのだ。何か課題を解決する際、こうした多岐に渡ることを「一気」に変えることができれば、それがベストだ。一つずつやっても無駄が多く、行き場がなくなることが多いからだ。ところが一つずつのイノベーションを握っている当事者のエゴや競争心が協力を阻んでいる。

これまで、社会起業家によって多くの解決策（ソリューション）がこの世に送り出されてきた。多くの社会課題に対する解決策は、物理的にはすでに圧倒的多数が存在している。にもかかわらず、こうしたアイデアが実践の場で生かされていない。大変残念な話である。

背景にある最大の要因は、社会起業家たちが互いに協力をするということがない、という実態だ。彼らのエゴが（あるいは言語の壁が障壁となって）、自分たちの技術・発案した流通モデル・アイデアなどをお互いに共有したり同じ課題に対して協業をしたりすることを妨げているのだ。

覚えておくべきは、「自分の功績やビジネス、仕事は、究極的には自分のものではない」ということだ。このことを理解するのは簡単ではないが、自分が心血を注いでやっていることに対して「自分」はどうでもよい存在なのだということがわかれば、大きなことが達成できる。

最大の目的が何であるかということを見失わないことが重要なのだ。貧困の撲滅、電気や上下水道の整備、公衆衛生の改善、病気の根絶といった大義は、一人では到底達成しえない。

このことを理解すれば、謙虚になることができる。面白いのは、謙虚になると、その引力に引き寄せられるようにして、様々な人が寄ってくるということだ。最終的に、あなたは多くのその後活躍するヒーローの「生みの親」になり、大きなことを成し遂げることができるのだ。

人は他人に褒められることが好きだ。また人は、自分のことを助けてくれる人のことも好きだ。一方で、人は人助けをすることも好きである。目先の損得ではなく、何か他人のためになるようなこと、それそのものから満足感を得ることも大切である。

## 取引の鉄則は、相手に自分より多く取らせること

取引の鉄則は、五分五分の「フェア」な取引ではなく、必ず、自分が得るものよりも相手が得るものの方が多い取引をする、ということだ。相手が得をすれば、その相手は再び、あなたと仕事をしてくれる可能性が高い。したがって最終的には、これは、自分に「得」なことなのだ。多くの人とこのような取引を結べば、全体として自分の得られるものは非常に大きくなる。

この「取引」の考えは、メディアの取材を受ける時も同様だ。書いてくれる記者に「得」をさせることを常に心掛けるべきなのだ。記者には、その上司が喜ぶようなネタを準備しておくのである。そうすれば、記者は上司の前で良い顔ができる。読者も面白い話が読めて喜ぶ……と幸福の輪が広がるのだ。

世の中には、素晴らしいアイデアがたくさん転がっている。それも、効果があると証明された素晴らしいアイデアが、使われずに放って置かれているのだ。この「アイデア・ロス」

は非常に大きな無駄である。個人や団体、組織がそれぞれ、別々に取り組んでいる事業のノウハウ、ビジネスモデル、エネルギーを束ねることができれば、達成できることの可能性は無限大だと、私は本気で考えている。協力することが、最大の効率化なのである。無駄を省き、効率性が上がることによって、ミッションの成功率も上がる。

ここで「アイデア・ロス」の原因となっている、もう一つの課題を挙げよう。それは、各組織の「成功」や「ノルマ」の定義づけだ。

たとえばＮＰＯなどで用いられるＫＰＩ（重要業績評価指数）は何か。多くの場合、それは「目的に対して、どれほどのことが達成できたか」ではないのである。彼らは「どれほどの資金調達に成功したか」「会員数の伸び」「利益率」といったものを基準に評価されているのだ。こうした成功の定義を適正なものに変えることで、社会課題に取り組む組織の実際のインパクトが向上するはずだ。

この問題をさらに悪化させているのが、組織だ。国連、ＮＧＯ、一般企業など何であれ、トップの人間はすべての権力を握っている。しかし、その権力を使って決断するにあたって、十分な情報が得られていない。一方で、現場の人間は権力がない代わりに、重要な情報をすべて握っている。問題は、現場の人間からトップの人間までに情報がどのように伝達されている、あるいはされていないか、なのだ。

中間管理職は忖度《そんたく》をしたり、他部署が美味しい思いをする情報を入手した時にそれを共有しなかったりする。上司が喜ぶだろう話ばかりしたり、失敗談はなるべく共有しなかったり……と、こうした個々人の言動によって、有機的な一つの繋がりとして理解されるべき課題や物事がバラバラに解体されてしまっている。

ということは、人々が協業するようなインセンティブを能動的に導入しなければならないのだ。もっと寛大な心を持て、だとか、私利私欲に走るのはやめろ、と指示するのは無駄だ。トップは部下に「何が欲しいのか」とストレートに問うべきだ。人によっては給料を上げてほしい、とか、そんなことだ。ここで鉄則なのは、従業員が欲しいといったものについて、その10倍くらいのものを提示してやる——すると、自分が欲しいものを獲得するには、より大きなエコシステムの中で協業する以外にはない、ということに個々人が気づき始めるのだ。

## 役人や大組織もアイデア・ロスに加担している

良いアイデアを理解しようとしない人、否定する人は、第一にそのアイデアが良いということがわかっていない場合、第二にそのアイデアが実現したところで自分は何の得もしないと考えている場合、第三にむしろそのアイデアが良くないアイデアだと考えている場合がある。良いアイデアだからといってすんなり受け入れられる程、この世の中は甘くない。

仮に良いアイデアを持って行政にアプローチすると、役人はほぼ必ずといって良いほど、そのアイデアを受けつけない。これはどうも世界共通のようだ。

ちなみに、以下の事象は政府や役所のみならず、大きなNGO組織や大学、一般企業においてもよく見られることである。

新たなアイデアを様々な機関に持って行き続けた私の経験は以下の通りだ。

【新たなアイデアを前にした時に起こる4つのJ】

1. **アイデアを受けつけてもらえない（Reject）**

役人の視点からみると、「アイデアを受けつけない」ことによって、無駄な仕事が増える心配がない。時間も無駄にせず、リスクもゼロだ。

2. **適当にあしらう（Eject）**

はっきりとした回答をしないで、こちらからご連絡させていただきますと言い、相手が根負けするのを待つ。

3. **他の部署へ追いやる（Deject）**

自分の仕事が増えないように、他部署にたらいまわしにする。

4. **アイデアを横取りする（Hi-Jack）**

依頼主が自分を飛び越え、上司のOKを取ってくるなり、アイデアを横取りし、自分の考えだと言いふらす。

役人というのは頭の良い人間だが、リスクを取ることに後ろ向きなのだ。したがって前例のないことに対しては、とりあえず「ノー」と首を横に振る。こんな世界を変えなければならないことは目に見えている。おそらく、ロボットのようにふるまえば、職を失うリスクはゼロだ、と考えている人がいるのかもしれない。しかし、AIが台頭してきているいま、ロボットのようにふるまっていれば生活は安泰だ、という考えは極めて非現実的になってきたといえよう。

ちなみに、この「4つのJ」の4が起きた場合。役人が「自分の手柄だ」と周囲にアピールし始めたなら、あなたは大喜びで、惜しみなく、そのアピール合戦を支援するべきである。なぜなら、とにかくこの提案が実現することが、あなたの目標だからだ。

そこで何をするべきか。役人がアイデアを受け入れやすい環境を整えるのだ。まず、この提案を受け入れる障壁を取り除き、その上で、このアイデアを受け入れないと大変なことになる、という状況を作る。さらに、アイデアを受け入れると、何か報酬がもらえるように取り計らえば、さらに良い。ノーという選択を取り除いてしまうのである。上司にも働きかけることは必須だ。

本章では、社会起業家を取り巻く問題や、それに対する心得をお話しした。次の最終章では、私がトイレ問題に長年取り組む中でたどりついた、あるべき社会の姿についてお伝えしたい。

# Chapter 7

# クリーンな社会に向けて

## フェミニン・ソサイエティのすすめ

〝お金だけのためであれば、ここまで努力が続かないだろう。大きな志、目的があるからこのエネルギーが出てくるのだ。自分だけのために何かをするというのは非常に疲れることである〟

——ジャック・シム

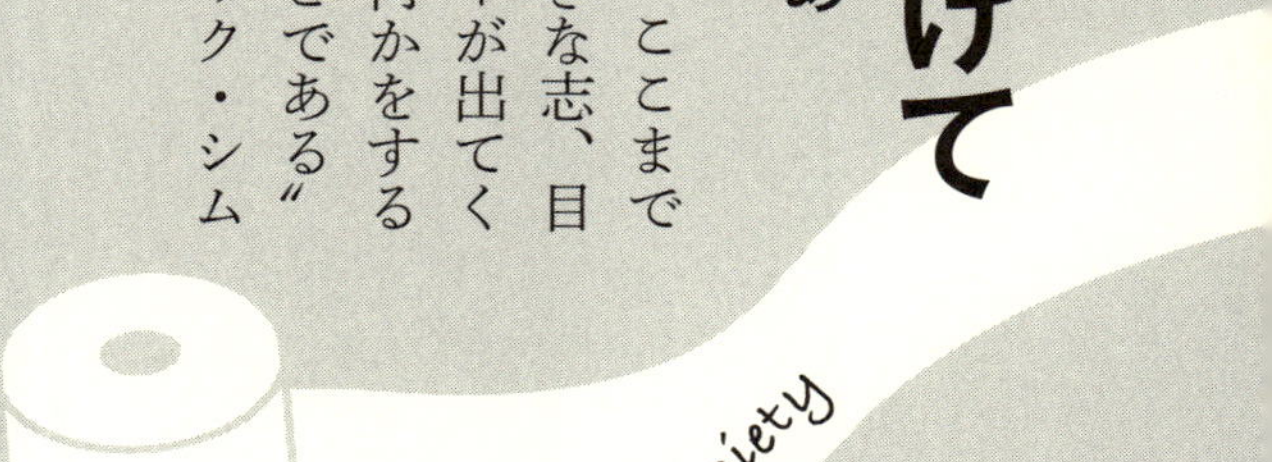

## ダボス会議で感じた偽善

数年前、私はダボスのワールド・エコノミック・フォーラムにいた。世界で最も影響力の大きい政治家やビジネス・リーダーたちと肩を並べていた。ちょうどこの時期に、世界の最富裕層である85人の総資産が、世界の貧困層35億人の総資産と同じだというニュースが世の中に流れていた。

世界の最富裕層1%の人々の資産が、世界の99%の総資産を上回る世界――まさに「ウォール街占拠運動（オキュパイ・ウォールストリート）」に象徴されるこの状況を考えると、何かがおかしいと思うのは当然ではないか。言い換えれば、我々は皆、「99%の人が敗者」となるゲームに参戦しているということだ。ゲーム自体がおかしいのではないか。

中東で起こった「アラブの春」からもわかるように、中央政府に対する不信感の高まり、貧富の格差、こうしたものが浮き彫りになった。「我々が残りの99%である」というプラカードを掲げた人々は、社会のごく少数のトップエリートばかりが利益を享受する社会システムに対してノーを突き付けているのだ。

不平等や格差は、資本主義システムのもとで悪化していった。世界にはびこる貧困は市場システムの不均衡、非効率から生まれたものである。我々は日々、宣伝広告やメインストリームメディアを通して、必要でもない「モノ」に対する購買欲を掻き立てられ、好きでもない人々の「お眼鏡にかなう」ように消費を続けている。

我々の物質・消費社会は結果として、物を使い捨てる社会を生み出し、こうした社会のゴミは、我々の処理能力をはるかに上回る状況となっている。処理できないほどのモノを消費しているのである。２０１３年の試算によれば、このままいけば、２０２５年までに、世界のゴミの量は現在の倍、２１００年までに3倍となり、毎日１１００万トンのゴミが出ると予測されている。

みさかいのない消費によって、地下・地上を含め急速に天然資源が枯渇し始めている。砂漠化、海洋汚染、環境破壊、気候変動、異常気象——すでに目に見える、体感できる形で自然環境も悲鳴をあげている。家の中にはモノがあふれかえり、これ以上、モノをしまうスペースがなくなっている。これも一つの立派な危機である。過剰消費の表れだ。

食についても同じことが言える。我々は明らかに、必要以上の栄養を摂取している。食の廃棄は日本でも大きな問題になっているが、こうしたライフスタイルが持続不可能なのは明白だ。我々の暮らす地球は、こうした社会を維持することはできない。我々が使っている資源の量を見ると、地球1・5個分の資源があるかのようなペースで消費しているのだ。

資源だけではない。時間にしてもそうである。時間を切り売りして、必要のないものを買う。人生で本当に大切なことのために時間を使うことができていない。こんな状況にもかかわらず、ダボスのワールド・エコノミック・フォーラムでは、どのように消費を促進させ、さらに借金を膨らませるべきか、という議論がなされているのだ。狂気の沙汰としか言いようがない。世界、あるいは社会を改善させる、という目標を掲げた時、何を我々が本当に意図しているのか、それをまず議論すべきだ。

## 40億人を市場にとりこむBoPハブ

2010年の時点では、世界の富裕層388人が、下位50％（36億人）が所有する総資産と同じ富を手にしていた。それが２０１６年には62人となった。その間、世界の最貧困層の資産は41％減少した（国際ＮＧＯオックスファムの調査より）。間もなく、ほんの10人の大富豪が世界の90％の資産を所有することとなるだろう。資本主義は少数の資本家に資産を集中させる仕組みなのだ。

私がこの問題に着目して始めたのがＢｏＰ（Base of the Pyramid）ハブという取り組みだ。「ベース・オブ・ピラミッド」とは、世界の所得者層をピラミッド型のグラフに描いた時に最下部を占める低所得者層、全世界人口の約７割である40億人を指す。社会、いや世界のメインストリームから除外されたこの40億人を、市場に招き入れようという取り組みだ。

私はこの取り組みが我々すべてにとって良い結果をもたらすと考えている。現在、様々なビジネスがターゲットとする消費者のパイは先細り、枯渇してきてしまっているからだ。世界の上層部36億人のマーケットはもはや飽和状態なのだ。このマーケットでは、誰かが成功すると、他の企業が販売チャンスを失うというゼロサムの仕組みになってきている。すなわち、限られたパイの奪い合いをしている状況なのだ。農民や漁師、スラムに住んでいる人々、こうした人々がメインストリームの社会に入ってきてくれれば市場は大きく拡がる。

欧州の失業率を見ればわかることだ。一部の人々のみをターゲットとしてビジネスを展開することで、大きな機会損失が生まれている。この社会・経済システムは到底、持続可能ではない。

## 貧困は市場の非効率性から生まれている

スターバックスのコーヒーは1杯5ドルだ。そのうちの5セントが東南アジアの東ティモールに行っている。どのようにしたらコーヒーを製造している東ティモールの人々が、販売価格の「5ドル」に参画できるのか。なぜ原材料を作っている人が一番の敗者になっているのか。それは中間業者があまりにも多く搾取しているからだ。

テクノロジーとビジネスという意味では、最初は上層階級がテクノロジーの恩恵を享受するが、農産物が中間業者を通らずに直接、Eコマースに流通して人々に届けられれば、卸業者に支払われる金額よりも高い収入を農家は獲得することができる。またそれによって消費者は以前より安く、より良いものが手に入る。たとえばリンゴであれば、ワックス処理などがされていない、新鮮な健康的なリンゴが手に入るという好循環が生まれるのだ。

農家が廃業せずに済むということは、都市への人口の一極集中を回避することにも役立つ。都市部から離れた、国境沿いの農地周辺のコミュニティが維持されれば、国境を守る軍事費用も軽減されるかもしれない。こうしたエコシステム全体を俯瞰したＲＯＩの計算方法・視野を取り入れるべきなのだ。

世の中には食品も、金も、モノも溢れかえっている。すなわち、分配がうまくいっていないのだ。それはなぜか。できるだけ多くの敗者が生まれるように設計されているからだ。精神病患者やストレス患者は「勝ち組にならなければいけない」というこの社会のストレスにさらされた結果であることが少なくない。

貧困は、貧しい人々によって引き起こされているのではない。市場の非効率性から生まれているのだ。しかし、お金をばらまけば良いというものでもない。自活、すなわち自分たちでビジネスを起こして、自分たちで稼いでいくことができる機会を提供することこそが、最大の助けになるのだ。

ＢｏＰハブはチャリティではない。一方的な援助というのは、一方通行だ。こうした一方的な援助ではなく、中長期的なインパクト投資として物事を捉え、彼らを教育し、自立できる援助をする。たとえば、作物を与えるのではなく、農作物の収穫量を上げることを学ばせる仕組みである。

当たり前だが、消費は収入があって初めてできる。収入というのは仕事があって初めて手に入るものである。そして仕事は、研修・教育や市場へのアクセス等があって初めてできることであり、これらは一連の連鎖として繋がっているのだ。

より平等な社会を目指すためには、すべての人が協力をする必要がある。ＢｏＰは、様々なビジネスネットワークのハブとなり、より多くの社会問題を解決したいと考えている。

## 「勝ち・負け」ロジックの限界

今の社会は圧倒的に男性的哲学によって支配されている。この世の中にある戦争は、人種や宗教的な理由ではなく、天然資源や収益の取り合いによって起こっているのだ。多くの戦争や紛争は、戦争によって収益性が上がる仕組みのために、引き起こされている。

男性的な「ゲーム」のルールに則って意思決定がなされている限りは、平和は訪れないと私は考えている。武器製造者、軍事産業、エネルギー会社、政治家、宗教法人、一般企業が、「平和こそが収益アップのチャンスを提供してくれるのだ」と心底思わない限りは、絶対に自分自身の権力を手放す、あるいは低下させるような決断ができない。このしわ寄せの犠牲者となるのが、無力で無実の人々なのだ。

現代社会の男性性は社会のすみずみにまで見られる。たとえばスポーツ。スポーツは一般的に、健康や友情を育むのに適していると考えられている。ところが近年では「勝利」することに異様なまでの注目が注がれている。勝者というのは、非常に数が少ない。これは構造的に、どうすることもできない。金メダルは1名にのみ授けられるのだ。そしてメディアもスポンサーも、とにかく勝者にばかり注目をする。また社会も、勝者を作りあげることにやっきになる。その方が儲かるからだ。ひっくり返して言えば、全力で最大数の敗者を輩出する社会が作り上げられているわけだ。

現在の社会は「ゼロサムゲーム」（誰かが得れば誰かが失う）の原理で動いている。ところが大自然は調和された効率的なエコシステムとして動いている。大木がただただ森の栄養を多く吸い取る、という考え方は大自然には存在しない。大樹には大樹の責任と役割がエコシステムの中に存在する。大樹は、同じ森や環境で暮らす他の動植物が生きていくためにより大きな責任を抱えているのであり、勝者、敗者という考え方ではない。

また、大自然には「ゴミ」は存在しない。動物から出される二酸化炭素を吸い、動物の排泄物が木の肥しとなり、また鳥の巣となり、日陰を作り——自己主張をせずに全体が円滑にまわっていくような役割を果たしている。搾取だけする、というやり方ではない。母なる大地といった表現があるが、まさにこうした自然の在り方は母性的なわけである。

ところが、今日の社会は極めて男性的だ。搾取し、破壊する。大量のゴミを排出し、出たゴミにどう対処するかは考えられていない。人が今後生き延びるためには、こうした男性的な価値観、社会規範を捨てなくてはならない。

勝ち組・負け組といった二項対立で物事をとらえる考え方からどのようにして離れ、より効率的で、持続可能な社会を作り上げることができるのか。それを一人一人が考えなければならないのだ。周囲を見渡して、納得がいかない、あるいは心が痛むできごとはあるか。皆の力でその問題を解決するという選択肢は常に開かれている。

男性社会の問題は、女性が政治や企業のトップになると、女性的な考え方を捨てて、男性的になってしまうことだ。サッチャー、クリントン、メルケル、アウンサンスーチー、こうした女性リーダーは男性のようにふるまっている。すなわち、女性だから女性性が備わっている、というわけではない。

私は本書を通して、人々の怒りや嫉妬、誇りや尊厳といった感情が非常に重要であり、かつ、利用価値の高いものだと言い続けてきた。感情は愛情に根差した「愛情ベース」の感情と、恐怖に根差した「恐怖ベース」の感情に二分される。前者は共感、同情、サービスの精神、後者は比較（比べ合い）、疎外感に対する恐怖、などがあてはまる。もちろん、くり返し述べてきたようにどんな感情も「使い方次第」だ。だが、現在の社会では、愛情をベースとした感情に対する働きかけが極端に少ない。それが問題なのだ。

## シリコンバレー、クソくらえ——成功の再定義

現代社会における成功者、もしくは近代における成功を体現している場所——それはシリ

コンバレーだろう。シリコンバレーで私が感じるのは、イノベーションとテクノロジーに対する異常なまでの執着心だ。人や社会、環境に及ぼす潜在的なリスクに対する深い考慮や規制よりも、圧倒的にイノベーションやテクノロジーが優先されている。

なぜ、シリコンバレーがこのような形で走り続けているのか。それは、そこで働くイノベーターやエンジニアが、「先を越されたら終わり」という恐怖に駆り立てられているからだ。勝者がすべてを掌握する、弱肉強食で極めて男性的な競争社会がそこにある。彼らは自分たちのテクノロジーが最終的にどのように社会や人に影響を及ぼすのか、わからないまま突き進んでいる。

テクノロジー自体は素晴らしいが、同時に恐ろしさもある。そもそも我々の社会がこのような変化に追いついていけるのか、はなはだ疑問だ。今やゲノム編集で完璧な人間を作ることも夢ではない。人に脳を1つ以上つくることもできる。今テクノロジーの世界を牛耳っている人々が、目先の金目当てだけで突き進むことは、社会にとって計り知れないリスクがある。

私は、シリコンバレーで聞いて回ったことがある。「あなたが今開発しているテクノロジーがどのような影響を及ぼすかわかっていますか」と。すると、皆「わからない」と答える。これは深刻な問題だ。彼らの目標は「超イケてる」人間になること。なんと浅はかなのか。でも彼らは「やる以外ない」と言う。なぜなら、自分たちがやらなければ、誰か他の人がやってしまうから。

競争の恐怖とパラノイアに突き動かされて、彼らは生きているのだ。

今の成功者の姿、つまり金儲けをして、資源を使いまくって、利益をなるべく独り占めしている様を定義しなおせば、もしかすると地球温暖化も解決できるかもしれない。本気でそう思う。

平たく言ってしまえば、現在、成功者とはより多く消費する人ということになっている。仮に成功者の定義が「より共有する人、より共感する人」となれば、世の中は変わるのではないか。

現在の恐怖をベースとした社会は極めて男性的で、陰と陽のバランスが崩れていると言わざるをえない。愛情ベースの社会へと見直されるべき時がとうにきているのだ。

自己中心的であること、利己的であること、勝ち組志向であることを称賛する社会から距離を置かねばならない。現在の社会のシステムは、勝者には報酬を与え、敗者を罰するというシステムである。この「エゴ」システムは自己中心的な資産の増築を推進する、極めて不公平なシステムなのだ。世界をよりよくするためには、世界をよりよくする行動が社会から適切に承認されるような社会づくりが必要なのだ。

繰り返しになるが、単に獲得した資産の大きさではなく、社会にとって意味のあるインパクト、変化をどれほど及ぼすことができたかによって成功が計られるべきではないか。ビリオネア（億万長者）とは、億万ドルを稼いだ人ではなく、億万人の生活を向上させた人間に与えられる称号であるべきだ。

## フラットな世界に欠けているのは多様性だ

我々はインターネットの時代に暮らしている。世界はフラットになってきた。コミュニケーションも直接、様々な人とできる。携帯電話の技術がコミュニケーションにかかるコストをどんどん押し下げてくれた。Wi-Fiへのアクセス、安いアンドロイド電話。これほど世界が変化しても引き続き貧困は存在し、むしろ格差は拡大している。

太古の昔、人々は貧しくなかった。家畜がいて農作物があって、四季とともに動くコミュニティが存在した。そこへ征服者達が訪れ、勝者と敗者を作ったのである。自分の作った農作物の5%が自分の取り分になり、95%は領主に納めなければならない。その代わりに領主があなたを守ってくれる。こうしたことが貧困を作ることになった。共産主義や社会主義も貧困を撲滅することはできなかった。そうして資本主義が入ってきて、当初はこれで問題が解決するかのように見えた。でも残念ながら、そうはなっていない。

今日、フェイスブックやアマゾン、スターバックス、マクドナルドなど非常に少数の企業やそれに関わる人間が、莫大な権力を手にしている状況が生まれている。社会のエコシステムの多様性は、著しく損なわれたと言ってもいい。自然界で生物多様性が失われ、深刻な状況が生まれているのと同様のことが、まさに起こっている。市場にDNAがあったとして、ゲノムレベルでの多様性が減少したということに他ならない。この市場には、もはやほんの少しの種類の生物しか存在していないということなのだ。

森を見ると、生物の多様性が著しく損なわれたエコシステムは存続できていない。倫理的なことをふりかざして私は話をしているのではない。極めて現実的な観点から、我々はもっと平等でフラットな社会になるべきだと言っているのだ。現在のピラミッド型の格差社会は持続可能ではない。ピラミッド型社会の底辺の人を社会に迎え入れなければならない。

本来、インターネットは女性的（フェミニン）なものだ。なぜフェミニンかというと、様々な物事を促進し円滑に進めながらも「自分がそれをやったんだぞ」という主張がなく、様々なことが行われる場だからだ。

## 「よき人間とは何か」――AI時代を人類が生き延びる秘訣

私はデンマークとカリフォルニアの「シンギュラリティ大学」で指導員（ティーチングフェロー）も担っている。最初は講義に一度呼ばれ、その後、生徒として入学をして、現在は指導員をすることになった。入学するには、テクノロジーに対する独自の知見があることが必須なのだが、私にはそうしたものはない。したがって私の仕事は、大学内に入っていって、色々な人が持っているテクノロジーを繋げ、どのようにしたら何億人単位の社会的インパクトを生むことができるのか、を考えることだ。

とはいえ、私はここで様々な革新的なテクノロジーやアイデアについて学び、果たして人類がこうした技術革新に対応する準備が整っているのか、非常に不安になった。

第四次産業革命が起きていると言われるいま、教育システムには懸念されるべき欠陥が二点ある。能力の評価の仕方と、それに対する報酬の与え方である。現在のシステムは勉強以外の能力を評価することに全く長けていないことが、本質的で大きな不平等を生んでいる。そこで私はベトナムとインドネシアで、新たな学校を立ち上げた。

今日の教育制度は、いかに試験で高得点をたたき出すかということに注力している。これは中国の科挙の時代から続いている伝統だ。太古の昔、知識は権力であり、知識を持つことができたのはほんの少数の人々に限られていた。ところが今日は、インターネットによって知識の民主化が促進され、知識がコモディティとなったのだ。

ロボットが我々の職を奪うかもしれないと言われるなか、現在の教育システムは、人々がロボットのようになることを教えている。記憶力が試される問題はロボットの方がはるかに早く、完璧にこなすことができる。したがって100％の記憶力を目指すことに意味はない。どれほど賢い子供でも、こうした知識ベースの教育やテストでＡＩと戦えば、絶対に負ける。知識の詰め込み、丸暗記を強みとした人材は、ＡＩに容易に置き換えられる。

次世代の教育に求められているのは、人々の以下のような能力を養うことなのだ。

1. 論理の枠を超えて物事を包括的に捉え、現時点において足りていないサービス、注目されていない問題を見つけ出し、技術を用いて新たなソリューションを考え出す力
2. 自分自身で未来を作り出していく想像力、未来ビジョンを持ち、それを実現させる力
3. まだ発明されていない未来の技術を織り込んだソリューションを構想する力
4. 類まれなる共感力と思いやりを持つ力。社会の不平等や弱者などを社会の重荷と見るのではなく、成長の機会と捉える発想力

すなわち今後は「いかにしてよい人間になるべきか」を学ぶべきなのだ。ロボットをどのように、またどんな目的をもって操作したらよいのか——それがわかるようになることこそが大事なのだ。

私はシリコンバレーを訪問した際、魂がない場所だと感じた。皆、自分が「素晴らしい」「すごい」ことに全身全霊をかけている。こうした「自分はすごい」という感情は極めて軽薄なものだ。ユニコーン企業になるんだ、投資を受けるんだ、とあっちへこっちへと飛び回っている。人生の目的というのはあまりなさそうだ。おそらくピラティスをやって瞑想《めいそう》をする、それくらいではないか。瞑想にしても「呼吸エクササイズ」程度で大した瞑想ではない。

もしもテクノロジーがものすごい勢いで動いているのであれば、動いていないもの、動かないものを学ぶべきなのだ。好奇心、勇気、共感力、コミットメント、協力、社会性、冷静さ――これが、未来の教育で学ぶべき7つのC（curiosity, courage, compassion, commitment, collaboration, community and calmness）だ。

## テクノロジー時代に学ぶべき7つのC

### 1. Curiosity　何かを問う好奇心

子どもは自分の学びに対して能動的に好奇心を持ってアプローチするべきだ。好奇心を持っていることが天才の秘訣だ。暗記するべき情報を教師に詰め込まれるのではなく、子どもの好奇心、探求心を促進させ、サポートすることに教師は徹するべきだ。

### 2. Courage　想像し、導入する勇気

夢を描くにも、質問をするにも、勇気が必要だ。他人に馬鹿にされない、そんな自信を持って学べることが大切なのだ。夢見ることに対し、誰かから許可を取る必要はない。また、その夢に対して甲乙を判断されるべきでもない。その夢を具現化するためには現実的にいつ、何をどのように行うべきなのか、その結果として想定できる結果は何通りあるのか、そうしたことを考えるお手伝いを教師が担うべきなのだ。

### 3. Compassion　顧客、同僚、上司、世界と共感する力

相手の立場になって考えることを教えることも重要だ。個人として、また集団として、どのような気持ちになるのか、といったことを想像するトレーニングだ。自分と異なった人に対する偏見を持たず、様々な意見を聞き入れることは決して意志の弱さではない、ということを教える。共感をし、お互いに受け入れる姿勢があれば、コミュニケーションもうまく行く。

**4. Communication　情報を伝え、動機を与えるためのコミュニケーション**

子どもは発言する際、間違ったことを言うと罰せられてしまう、という恐怖から解き放たれるべきである。このことで初めて自由なコミュニケーションが生まれる。自由なコミュニケーションが生まれるということは、起業精神、共感、信頼、こうしたものも促進されるということだ。

**5. Collaboration　互いにとってポジティブなウィン－ウィンの協力関係を結ぶこと**

お互いの立場を理解することによって、どのような提案をすれば相手が喜んで話にのってくれるのか、協力をしてくれるのか、といったことがわかるようになる。また、これによって単一のビジネス、単独の企業や人物にフォーカスするのではなく、情報を一握りの人々が独占せずに共有することが、いかに社会全体、ひいては個々人にとってプラスの結果を生み出すか、ということもわかるようになる。

## 6. Community　社会性

物事が単体で存在するのではなく、社会というエコシステムの中に存在するということを理解する力。一人勝ちという概念ではなく、社会全体の向上、といった考えを推進する力。二大政党という分断の中で恐怖をベースとした闘いによって物事を決めることや、勝者が「全取り」するという価値観から離れること。これは、貧困に苦しむ40億人の人々をメインストリームの経済圏、文化圏に迎え入れることに他ならない。ピラミッド型社会の底辺の人々を社会に迎え入れるべきなのだ。

## 7、Calmness　冷静さ

心の平静さがあって初めて、物事をシンプルに考えることができる。どの色の洋服が欲しいのか、これは「考えて」わかることではなく、そう感じることだ。相手がどのように感じているのか、こうしたことを感じ取る能力こそ、人間に備わった重要な能力なのだ。

人は精神性、倫理観、美的センス、哲学、愛情といったものを持っている。我々が今後、ロボットやＡＩと対抗して生きていくためには、こうした人間的なクオリティに磨きをかけていくことが必須だ。

思いやりを持つこと、共感する力があること、他人の立場、未来、自分が経験したことがないことを考える想像力……こうしたものが我々の何よりの強みとなるだろう。

未来はただ、起こるのではなく、皆で能動的に作っていくものなのだ。

## おわりに――1年後に人生が終わるとしたら、何をしていたいか？

想像してみてほしい。あなたの成功は、あなたが何台の洗濯機を所有しているかによって決まる――突然このような社会になったとしたら。自分の成功を周囲に誇示するために、頑張って200台もの洗濯機を買って庭に並べるだろうか。

富というのは、それを必要としている際には非常に便利なものだ。日々の生活を送る上で、また、定年後に生きていく上で、お金は必要である。

ただし、洗濯機は1台あれば充分だ。

充分、と言ったが、これはあなたがどのようなライフスタイルを選択するかに左右される。仮にシンプルで充実した生活を送っていたとする。本当に必要な物は、実はそれほど多くはない。しかし、周囲に自分を認めさせたい、自分の成功をひけらかしたい、というニーズがあると、必要な「モノ」にはキリがなくなる。こうしたニーズを満たすためにはお金以上の物を犠牲にする必要が出てくる。

我々が毎日消費している本当の「通貨」はお金ではなく、時間だということに気づくと、毎秒、毎分、毎時間、お金を稼ぐために時間が費やされていることを意識することができるだろう。

お金を稼ぐ上で、

あなたは時間を失っているのだ。

もしも、自立し自活していけるだけの蓄えを稼ぐことができて、それ以上のお金が必要ないのに、働き続けてお金をさらに稼ごうとしているのなら……実はそれは稼いでいるのではなく、時間を失い続けていることを意味する。ビジネスに置き換えれば、赤字の事業を経営しているに等しい行為なのだ。

賢い人は、尊いものを、それ以下の価値、あるいはまったく価値のないものと交換するほど愚かなことはしない。

時間はお金のように貯金して後で使うことはできない。したがって、時間は最高の価値と交換されるべきなのだ。

では最高の価値とは何か。私は、愛、または他者を助けることだと思う。家族、友人、コミュニティ、社会と人類を愛することは、回り回って、自らの存在意義、充実感の向上につながるのだ。


このことこそが、かけがえのない成功だ。この成功は他人と競争して獲得するようなものではない。

他者を蹴落としてこそ成功をつかみ取れる、という世界を変えていこう。

シンガポールにて
ジャック・シム

撮影：Jim Orca p17, p,37, p57, p87, p115, p158
Adriano Trapani p132

著者略歴

ジャック・シム［Jack Sim］

シンガポールの社会起業家、別名「ミスター・トイレ」。会社経営などを経て、2001年、国際NPO団体WTO（世界トイレ機関）を創設。世界各国での「ワールド・トイレ・サミット」開催や「世界トイレ大学」創立、サステナブルなトイレのデザイン・製品開発などの事業を通し、トイレの普及啓蒙に努める。2013年、国連の全会一致でWTOの創設日（11月19日）が「世界トイレの日」に制定された。『TIME』誌が選ぶ環境ヒーロー賞、エリザベス女王の「ポイント・オブ・ライツ」賞など数々の賞を受賞。

訳者略歴

近藤奈香［こんどう・なか］

サンフランシスコ、シンガポール、東京、ロンドンで育つ。ロンドン大学LSE社会学部卒業後、東京大学で社会心理学を修める。東京大学大学院情報学環・学際情報学府教育部卒業。外資系金融証券会社に7年間勤務。IMF専務理事クリスティーヌ・ラガルド氏への単独インタビューをはじめ、ジャーナリストとして『文藝春秋』や『週刊文春』等への寄稿多数。

WTO（世界トイレ機関）はボランティアや寄付を受け付けています。
お問い合わせ窓口
support@worldtoilet.org

PHP新書

PHP INTERFACE
https://www.php.co.jp/

# トイレは世界を救う

PHP新書 1202

ミスター・トイレが語る　貧困と世界ウンコ情勢

二〇一九年十月二十九日　第一版第一刷

著者――ジャック・シム
訳者――近藤奈香
発行者――後藤淳一
発行所――株式会社PHP研究所
東京本部――〒135-8137 江東区豊洲5-6-52
第一制作部PHP新書課　☎03-3520-9615(編集)
普及部　☎03-3520-9630(販売)
京都本部――〒601-8411 京都市南区西九条北ノ内町11
組版――朝日メディアインターナショナル株式会社
装幀者――芦澤泰偉+児崎雅淑
印刷所
製本所――図書印刷株式会社


ISBN978-4-569-84392-6

# ＰＨＰ新書刊行にあたって

「繁栄を通じて平和と幸福を」（PEACE and HAPPINESS through PROSPERITY）の願いのもと、ＰＨＰ研究所が創設されて今年で五十周年を迎えます。その歩みは、日本人が先の戦争を乗り越え、並々ならぬ努力を続けて、今日の繁栄を築き上げてきた軌跡に重なります。

しかし、平和で豊かな生活を手にした現在、多くの日本人は、自分が何のために生きているのか、どのように生きていきたいのかを、見失いつつあるように思われます。そして、その間にも、日本国内や世界のみならず地球規模での大きな変化が日々生起し、解決すべき問題となって私たちのもとに押し寄せてきます。

このような時代に人生の確かな価値を見出し、生きる喜びに満ちあふれた社会を実現するために、いま何が求められているのでしょうか。それは、先達が培ってきた知恵を紡ぎ直すこと、その上で自分たち一人一人がおかれた現実と進むべき未来について丹念に考えていくこと以外にはありません。

その営みは、単なる知識に終わらない深い思索へ、そしてよく生きるための哲学への旅でもあります。弊所が創設五十周年を迎えましたのを機に、ＰＨＰ新書を創刊し、この新たな旅を読者と共に歩んでいきたいと思っています。多くの読者の共感と支援を心よりお願いいたします。

一九九六年十月

**ＰＨＰ研究所**

## PHP新書

### ［社会・教育］

117 社会的ジレンマ　山岸俊男
335 NPOという生き方　島田　恒
418 女性の品格　坂東眞理子
495 親の品格　坂東眞理子
504 生活保護vsワーキングプア　大山典宏
522 プロ法律家のクレーマー対応術　横山雅文
537 ネットいじめ　荻上チキ
546 本質を見抜く力――環境・食料・エネルギー　養老孟司／竹村公太郎
586 理系バカと文系バカ　竹内　薫［著］／嵯峨野功一［構成］
602 「勉強しろ」と言わずに子供を勉強させる法　小林公夫
618 世界一幸福な国デンマークの暮らし方　千葉忠夫
621 コミュニケーション力を引き出す　平田オリザ／蓮行
629 テレビは見てはいけない　苫米地英人
632 あの演説はなぜ人を動かしたのか　川上徹也
681 スウェーデンはなぜ強いのか　北岡孝義
692 女性の幸福［仕事編］　坂東眞理子
706 日本はスウェーデンになるべきか　高岡　望
720 格差と貧困のないデンマーク　千葉忠夫
741 本物の医師になれる人、なれない人　小林公夫
780 幸せな小国オランダの智慧　紺野　登
783 原発「危険神話」の崩壊　池田信夫
786 新聞・テレビはなぜ平気で「ウソ」をつくのか　上杉　隆
789 「勉強しろ」と言わずに子供を勉強させる言葉　小林公夫
792 「日本」を捨てよ　苫米地英人
819 日本のリアル　養老孟司
823 となりの闇社会　一橋文哉
828 ハッカーの手口　岡嶋裕史
829 頼れない国でどう生きようか　加藤嘉一／古市憲寿
832 スポーツの世界は学歴社会　橘木俊詔／齋藤隆志
847 子どもの問題　いかに解決するか　岡田尊司／魚住絹代
854 女子校力　杉浦由美子
857 大津中2いじめ自殺　共同通信大阪社会部
858 中学受験に失敗しない　高濱正伸
869 若者の取扱説明書　齋藤　孝
870 しなやかな仕事術　林　文子
872 この国はなぜ被害者を守らないのか　川田龍平
875 コンクリート崩壊　溝渕利明
879 原発の正しい「やめさせ方」　石川和男

888 日本人はいつ日本が好きになったのか　竹田恒泰
896 著作権法がソーシャルメディアを殺す　城所岩生
897 生活保護vs子どもの貧困　大山典宏
909 じつは「おもてなし」がなっていない日本のホテル　桐山秀樹
915 覚えるだけの勉強をやめれば劇的に頭がよくなる　小川仁志
919 ウェブとはすなわち現実世界の未来図である　小林弘人
923 世界「比較貧困学」入門　石井光太
935 絶望のテレビ報道　安倍宏行
941 ゆとり世代の愛国心　税所篤快
950 僕たちは就職しなくてもいいのかもしれない　岡田斗司夫 FRREex
962 英語もできないノースキルの文系はこれからどうすべきか　大石哲之
963 エボラvs人類 終わりなき戦い　岡田晴恵
969 進化する中国系犯罪集団　一橋文哉
974 ナショナリズムをとことん考えてみたら　春香クリスティーン
978 東京劣化　松谷明彦
981 世界に嗤われる日本の原発戦略　高嶋哲夫
987 量子コンピューターが本当にすごい　竹内　薫／丸山篤史［構成］
994 文系の壁　養老孟司
997 無電柱革命　小池百合子／松原隆一郎
1006 科学研究とデータのからくり　谷岡一郎
1022 社会を変えたい人のためのソーシャルビジネス入門　駒崎弘樹
1025 人類と地球の大問題　丹羽宇一郎
1032 なぜ疑似科学が社会を動かすのか　石川幹人
1040 世界のエリートなら誰でも知っているお洒落の本質　干場義雅
1044 現代建築のトリセツ　松葉一清
1046 ママっ子男子とバブルママ　原田曜平
1059 広島大学は世界トップ100に入れるのか　山下柚実
1065 ネコがこんなにかわいくなった理由　黒瀬奈緒子
1069 この三つの言葉で、勉強好きな子どもが育つ　齋藤　孝
1070 日本語の建築　伊東豊雄
1072 縮充する日本「参加」が創り出す人口減少社会の希望　山崎　亮
1073 「やさしさ」過剰社会　榎本博明
1079 超ソロ社会　荒川和久
1087 羽田空港のひみつ　秋本俊二
1093 震災が起きた後で死なないために　野口　健
1098 日本の建築家はなぜ世界で愛されるのか　五十嵐太郎
1106 御社の働き方改革、ここが間違ってます！　白河桃子
1125 『週刊文春』と『週刊新潮』闘うメディアの全内幕　花田紀凱／門田隆将

**［言語・外国語］**



**［思想・哲学］**